Santu Mondal
Arindam Biswas

Metamateriais na tecnologia da informação quântica

Santu Mondal
Arindam Biswas

Metamateriais na tecnologia da informação quântica

Estruturas artificiais para simulação quântica

ScienciaScripts

Imprint

Cover image: www.ingimage.com

This book is a translation from the original published under ISBN 978-3-639-71847-8.

Publisher:
Sciencia Scripts
is a trademark of
Dodo Books Indian Ocean Ltd. and OmniScriptum S.R.L publishing group

120 High Road, East Finchley, London, N2 9ED, United Kingdom
Str. Armeneasca 28/1, office 1, Chisinau MD-2012, Republic of Moldova, Europe
Managing Directors: Ieva Konstantinova, Victoria Ursu
info@omniscriptum.com

Printed at: see last page
ISBN: 978-620-8-60896-5

ÍNDICE

1 Introdução

1.1 Introdução geral.

O termo "respirador" tem um significado histórico. Pode ser fabricado em modelos de rede não linear translacionalmente invariantes. Contrasta com as soluções de solitões, que são pacotes de ondas em movimento, ou seja, as ondas de viagem localizadas não lineares são resistentes e promulgam sem mudar de forma, dando o perfil de polarização e a distribuição da tensão elástica através da parede do domínio **[1]**. A sua evolução temporal tem sido sempre uma área de investigação intensiva. Os "respiradores" são soluções discretas, periódicas no tempo e localizadas no espaço, e cujas frequências se estendem fora do espetro fónico, ou seja, os respiradores são pacotes de ondas localizadas e periódicas no tempo **[2-3]**. O primeiro respirador descoberto foi num sistema senoidal de Gordon (integrável), que também é analiticamente tratável. Existem vários métodos para caraterizar respiradores discretos. Os respiradores clássicos também podem ser obtidos num sistema K-G não integrável, como é feito numericamente por uma técnica bem conhecida, como o método de colocação espetral, que envolve erros mínimos na análise dos diferentes modos do respirador. Devido à localização, a escala de comprimento deste tipo de excitação sugere uma maior essência que obviamente nos inclina para o domínio nano, cuja importância no campo da física do estado sólido não pode ser negada.

Os respiradores discretos (DB) da matriz de domínios, também conhecidos como modos localizados intrínsecos (ILM), são excitações não lineares produzidas pela descontinuidade e discretude da rede. Estas excitações são identificadas pelas suas oscilações prolongadas. Trata-se de impulsos altamente localizados no espaço que são descobertos na formulação do modelo não linear discreto. Ao contrário dos modos do tipo onda plana, os DBs não são equivalentes ao sistema linear, mas prevalecem apenas devido à descontinuidade do sistema numa rede periódica. São estabelecidos como uma interação ou acoplamento auto-consistente entre o modo e a descontinuidade do sistema. Desta forma, a BD modifica as propriedades locais do sistema no pico da BD, e as propriedades locais modificadas do sistema proporcionam o ambiente para a existência da BD. Como a formulação de limite contínuo não pode ser registada no seu estudo, a presente formulação em domínios discretos é apropriada para impulsos altamente localizados com larguras que não são grandes em comparação com o domínio de interesse. Assim, a questão é sobre a escala de comprimento apropriada, que nos leva à gama nanométrica de domínios no sistema ferroelétrico. Assim, a localização assume maior importância.

A localização é um aspeto importante para aplicações numa variedade de dispositivos no vasto domínio da física do estado sólido. Desempenha um papel crucial na qualificação e quantificação das operações de um sistema. A extensão da localização no regime quântico assume maior importância para estruturas muito pequenas, por exemplo, para nano dispositivos. A questão que se coloca é a seguinte: como se obtém a localização num sistema ou numa rede? A localização é desenvolvida principalmente pela "desordem" na rede **[4]** ou pela interação entre a descontinuidade e a discretude dos sistemas **[5]**, ou seja, a nossa atenção é desviada para os respiradores discretos (DB). A primeira, ou seja, a localização de Anderson, foi implementada em pormenor em muitos tipos de dispositivos. Uma vez que a descontinuidade surge na ferroeléctrica em termos de histerese *P-E* devido ao movimento rotacional dos domínios discretos e das paredes dos domínios, estes podem também dar origem à localização. Aqui, discutiremos principalmente a localização devido à descontinuidade, adicionando alguns componentes não lineares na equação governante e na discretização. Os BDs parecem ser bastante versáteis na gestão da energia localizada, ou seja, na transferência de energia direcionada ou no mecanismo de disparo **[6]**. Podem transportar esta energia de forma eficiente, envolvendo a rede no seu movimento após a formação dos BDs e, além disso, em circunstâncias específicas, podem transferir esta energia em redes selecionadas **[7]**. Combinando estes factos do modelo e alguns estudos gerais, pode dizer-se que os BDs em ferroeléctricos podem, em princípio, atuar como gestores de energia. Assim, as explicações acima são dadas para relacionar as ondas localizadas de respiradores discretos e paredes de domínio em materiais ferroeléctricos

No domínio das aplicações, as BD foram investigadas em vários sistemas: (a) complexos de metais de transição de valência mista no estado sólido **[8]**, (b) cadeias antiferromagnéticas quasi-unidimensionais **[9]**, (c) conjuntos de junções Josephson **[10]**, (d) osciladores micromecânicos **[11,12]**, (e) sistemas de guias de ondas ópticas **[13]** e (f) proteínas **[14]**. As BDs modificam as propriedades do sistema, nomeadamente a termodinâmica da rede, e introduzem a possibilidade de transporte de energia não dispersiva **[15,16]**, devido à sua potencial aplicação no movimento de translação ao longo da rede **[17]**.

Como já foi referido, as BD são observadas tanto em sistemas integráveis (equação de Sine-Gordon) como em sistemas não integráveis (equação de Klein-Gordon).

No entanto, a integrabilidade impõe um critério para a obtenção analítica das BD. As BDs são obtidas analiticamente para sistemas integráveis, enquanto que para sistemas não integráveis são obtidas por vários métodos numéricos, nomeadamente o método da colocação espetral, o método das diferenças finitas, o método dos elementos finitos, a análise de Floquet, etc. Como prova muitas experiências numéricas, a mobilidade de BDs é obtida por uma perturbação apropriada **[18]**. Do ponto de vista da aplicação prática, as BDs dissipativas são mais relevantes do que as suas congéneres hamiltonianas. Estas últimas, com o carácter de um atrator para diferentes condições iniciais na bacia de atração correspondente, podem aparecer sempre que o equilíbrio de energia, em vez da conservação de energia, governa a dinâmica não linear da rede. O carácter atrativo das BDs dissipativas permite a existência de BDs quase-periódicas e mesmo caóticas **[19,20]**.

Para além dos pormenores históricos, pode dizer-se que existe uma quantidade suficiente de atividade de investigação sobre BDs desde a publicação do artigo de Sievers e Takeno **[21]** em 1988. A sua existência tem sido proposta teoricamente em vários sistemas discretos de muitos corpos e observada experimentalmente em diferentes sistemas **[22]**. Assim, um grande volume de estudos analíticos e numéricos revelou a existência e as propriedades das BDs em vários sistemas não lineares **[3]**. Os trabalhos de Sievers et al. **[21,22]** e de Segev e colaboradores **[23]** apresentam discussões detalhadas sobre as BDs. Flach et al. **[24,25]** estudaram o assunto e, também, Mackay e Aubry **[26,27]** que também foi seguido por uma apresentação sobre "o que sabemos sobre respiradores quânticos discretos" por Fleurov **[28]**. Aqui, uma outra revisão de Flach e Gorbach **[2]** também precisa de ser mencionada e contém quase todas as referências relevantes sobre BDs

É pertinente mencionar que uma variedade mais rica da equação de K-G foi também derivada noutros materiais ópticos não lineares importantes, tais como metamateriais baseados em ressonadores de anel dividido, onde foi observado um impulso DB **[29,30]**. A ressonância de Fano devida a DBs também foi descrita em dois canais ansatz na rede K-G por vários autores **[31-33]**. Vários parâmetros, como a permissividade dieléctrica, o acoplamento, a descontinuidade de focagem-defocagem, são incluídos no Hamiltoniano que é utilizado para descrever os modos não lineares em metamateriais. Assim, a ressonância de Fano devida a BDs também foi explorada em termos destes parâmetros materiais **[34]** para aplicações na (a) tecnologia de biosensores, (b) seletividade espetral, (c) filtragem de feixes, etc.

Além disso, como se verifica que a discretização aprisiona os respiradores, os respiradores em movimento são inexistentes no sistema não linear altamente discreto que foi apresentado por Bang e Peyrard no contexto de um modelo K-G [35]. Estes autores [36] efectuaram um estudo numérico sobre a "troca de energia e momento" entre os respiradores em colisão para descrever um mecanismo eficaz de "localização de energia" na rede K-G, resultante da discretização e não-integrabilidade do sistema. Sabe-se que a correspondência de fase-quase (QPM) é uma questão importante em cristais fotónicos não lineares quadráticos (QNPC) ou em materiais fotónicos com banda de fuga sintonizável. Num trabalho interessante sobre QPM realizado por Kobyakov et al [37], a influência de uma descontinuidade cúbica induzida na amplitude e na modulação de fase foi estudada analiticamente para prever uma comutação totalmente ótica eficiente. Além disso, na frente de aplicação de um QNPC, Corney e Bang [38] mostraram uma solução estável de solitões para a descontinuidade cúbica e verificou-se que o QNPC suporta solitões escuros e brilhantes, mesmo na ausência de não linearidade quadrática, tendo também sido demonstrada a "instabilidade da modulação" nesses sistemas [39]. Trapani et al [40] estudaram as não-linearidades de focalização e desfocalização no contexto da mistura paramétrica de ondas.

A literatura sobre solitões é tão vasta que é muito difícil mencionar todas as referências. No entanto, a Ref. [1] é muito útil para outras referências. Para a propagação de solitões, em muitos sistemas ópticos, é prática comum usar a equação não linear de Schrodinger (NLSE). No entanto, mostrámos recentemente que a equação de Schrodinger não linear pode ser derivada através da perturbação da equação de K-G quando a onda progressiva passa através de um meio não linear, como o niobato de lítio ferroelétrico, onde pode ocorrer dispersão, e os níveis de energia discretos devidos à interação dipolo-dipolo foram estimados através de uma função hipergeométrica [41].

Como também indicado na Ref. [1], a mudança de fase ferro-para ocorre através de uma deslocação global e coordenada dos iões. Assim, a presença de solitões deve-se ao potencial de Landau de poço duplo no qual os iões de metal pentavalente (nióbio ou tântalo) se encontram com o seu acoplamento suficientemente forte para conduzir a efeitos cooperativos. Foi utilizado um potencial de dois poços para obter a solução de dobragem das ondas de propagação não lineares em ferroeléctrica no contexto de um modelo de cadeia diatómica [42-45]. O impacto deste potencial no caso de um sistema discreto foi amplamente estudado por Comte [46]. No entanto, deve notar-se que estes movimentos se tornam espacialmente localizados devido à descontinuidade e à discretização, juntamente com o efeito de fixação dos domínios ferroeléctricos e das paredes dos domínios, que se encontram tipicamente na "gama nanométrica". Assim, a essência da descontinuidade e da discrição abre caminho para os dispositivos nano-ferroeléctricos. Depois, há outros aspectos, como a computação quântica e a transferência de energia direcionada (TET), utilizando um novo conceito através de BDs **[7]**. Depois de falarmos dos respiradores clássicos, vamos agora falar dos respiradores quânticos.

1.2. Respiradores clássicos

Consideremos uma matriz unidimensional idealizada de N domínios ferroeléctricos idênticos dispostos em camadas ao longo da *direção x*. Os domínios são considerados como paralelepípedos rectangulares. Para simplificar, as polarizações em cada domínio são orientadas na *direção z* e translacionalmente invariantes na *direção y*. Entre os domínios vizinhos, existe uma parede de domínio e, neste caso, consideramos o acoplamento do vizinho mais próximo entre os domínios. A disposição dos domínios foi apresentada na Ref. **[47]**. Num tratamento anterior, foi obtida uma formulação dependente do tempo para a dinâmica do conjunto de domínios como uma generalização do funcional de energia livre de Landau-Ginzburg envolvendo os vectores polarização (P) e campo elétrico (E): Os domínios vizinhos mais próximos [i.e. a polarização no *i-ésimo* domínio (P_i) com a do (i-1)º domínio (P_{i-1})] foram considerados como interagindo por um potencial harmónico com uma constante de mola fenomenológica (k), de modo que o Hamiltoniano resultante para a polarização é dado por **[47]**:

$$H = \sum_{i=1}^{N}\left(\frac{1}{2m_d}\right)p_i^2 + \sum_{i=1}^{N}\frac{k}{4}(P_i - P_{i-1})^2 + \sum_{i=1}^{N}\left(\left(-\frac{\alpha_1}{2}P_i^2 + \frac{\alpha_2}{4}P_i^4\right) - EP_i\right) \quad (1)$$

O momento (p_i) pode ser definido em termos do parâmetro de ordem (P_i) em relação às constantes de inércia (m_d eQ_d).

A Eq. (1) dá um bom tratamento geral da dinâmica dos modos na matriz, particularmente para os modos que estão fortemente localizados num pequeno número de domínios da matriz. Para modos estendidos e modos que são localizados, e que variam lentamente num grande número de domínios consecutivos, a Eq. (1) pode ser aproximada por um tratamento contínuo por expansão de Taylor. Neste limite, expresso em unidades adimensionais, a Eq. (1) produz uma equação não linear de K-G com um termo de amortecimento **[47,48]** como:

$$\frac{\partial^2 P}{\partial t^2}+\bar{\gamma}\frac{\partial P}{\partial t}-\bar{k}\left(\frac{\partial^2 P}{\partial x^2}\right)-(\bar{\alpha}_1 P-\bar{\alpha}_2 P^3)-E_0\cos(\omega t)=0 \qquad (2)$$

para a dinâmica da polarização $P(x,t)$. Aqui, a Eq.(2) com um condutor CA contém todos os termos não dimensionais como: $P' = P/P_s$, ondeP_s é a polarização de saturação em C/m^2 (o valor típico para ferroeléctricos de tantalato de lítio é 0,55 C/m^2 **[49]**), $E' = E/E_c$, ondeE_c é o campo coercivo (quando $P' = 0$) em kV/cm na curva de histerese não linear habitual de P vs. E com um valor típico para o mesmo material de 13.9 kV/cm **[49]**, $t' = t/t_c$, em quet_c é considerado como a escala de tempo crítica para que a polarização atinja um valor de saturação, isto é, nas paredes do domínio ou perto delas, que são importantes para o nosso estudo, com um valor típico de 10 ns para um tempo de comutação de (digamos) 200 ns para um valor de amortecimento$\bar{\gamma}$ =0,50 **[50]** que se baseia nos dados acima referidos, e $x' = x/W_L$, em que W_L = largura da parede do domínio da ordem de alguns nm. A Eq. (2) é obtida após a eliminação da notação de primo, e tomando $/\alpha_1 = \alpha_2 P_s{}^2$ e ($\bar{\alpha}_1 = \bar{\alpha}_2 = \bar{\alpha} = \alpha_1 P_s$)/E_c **[49,47]**. Aqui, os termos de interação e de amortecimento são definidos como: $\bar{k} = \frac{kP_s}{2E_c}$ e $\bar{\gamma} = \frac{\gamma P_s}{t_c E_c}$, ondeγ é uma constante de decaimento que relaciona a perda de polarização devido ao atrito interno durante o seu movimento no sistema de domínios, o que é importante para o movimento de ondas viajantes localizadas (i.e. soliton). Embora os respiradores discretos se movam sobre o fundo de fonões, os fonões são eles próprios dispersivos por natureza e os sistemas não lineares são também dispersivos. Além disso, a comutação ferroeléctrica envolve a rotação de domínios que dá origem à dispersão. Esta é a razão da inclusão do "termo de amortecimento" no nosso método de colocação espetral para descrever figuras 3-D do perfil de polarização.

Entre todos os métodos conhecidos de simulação numérica, utilizamos o método mais versátil de colocação espetral para analisar os respiros clássicos no nosso sistema de ferroeléctricos. Este método não é apenas a mais recente técnica numérica com facilidade de implementação, mas também dá origem a um mínimo de erros na análise. Os métodos espectrais são uma classe de discretizações espaciais para equações diferenciais. A fim de preparar a equação para a solução numérica, introduzimos a variável auxiliar: $Q_i = \dot{P}_i = \frac{\partial P_i}{\partial t}$. Isto reduz a Eq. (2) de segunda ordem ao sistema de primeira ordem:

$\dot{P} = Q$, e $\dot{Q} = \bar{k}DP - \bar{\gamma} Q + \bar{\alpha}(P - P^3) + E_0 \cos(\omega t)$

Tem de ser selecionada uma matriz de bandas *D* adequada e, em seguida, resolvemos o nosso sistema de equações diferenciais de primeira ordem que pode ser escrito como

$$\begin{pmatrix} \dot{P} \\ \dot{Q} \end{pmatrix} = \begin{pmatrix} I & 0 \\ -\bar{\gamma} & \bar{k}D \end{pmatrix} \begin{pmatrix} Q \\ P \end{pmatrix} + \bar{\alpha} \begin{pmatrix} 0 \\ (P - P^3) \end{pmatrix} + \begin{pmatrix} 0 \\ U \end{pmatrix} E_0 \cos(\omega t) \quad (3)$$

Aqui, *U* é um vetor coluna cujos elementos são a unidade. Utilizámos o conhecido método de Runge-Kutta de 4ª ordem para o sistema (3). O método

Os resultados são novamente apresentados em duas subsecções. Na Secção 3.1, os respiradores clássicos são apresentados em figuras 3D. Nas Secções 3.2.1 e 3.2.2, são apresentados os dados relativos aos QBs para condições de fronteira periódicas e não periódicas, respetivamente. Em primeiro lugar, P Giri et all apresentam as figuras para os respiradores clássicos.

1.2.1 de colocação espetral

A Fig. 1.1 (a) e a Fig. 1.1 (b) mostram diagramas de polarização 3D típicos para o tantalato de lítio, respetivamente, que são considerados como manifestações de DBs no nosso sistema devido à localização, uma vez que a nossa análise se baseia em domínios discretos. Todas as unidades nestas figuras são adimensionais. Para um caso com campo zero e sem amortecimento, ou seja, respiradores hamiltonianos, os respiradores simétricos são normalmente

observados em figuras 3D (não mostradas aqui). Note-se que, na simulação de figuras 2D de polarização (*P*) com o índice de local (*n*), ou seja, a distância, os picos foram considerados bandas gaussianas simétricas e, mesmo em figuras 3D, é observado o mesmo tipo de bandas de respiro simétricas. No entanto, para uma amostra com um campo de polimento de 13,9 kV/cm com um valor finito de campo (*E=0*,01) e um amortecimento moderado (0,50) com um nível baixo de constante de interação (0,50), pode ver-se na Fig. 1.1 (a) que a dissipação começa a aparecer visivelmente e que as bandas dissipativas simétricas continuam a ser observadas. Se o valor do amortecimento for aumentado para um valor elevado de 0,9, a intensidade quase decai para zero, o que se espera dos respiradores dissipativos. Com o aumento do valor da interação, ou seja, com um valor muito elevado de 50, tal como no nosso trabalho anterior sobre ILM **[29]**, verifica-se na Fig. 1.1 (b) que se formam os "tri-breathers", tal como também se observou no caso do niobato de lítio **[51]**.

Neste caso, a importância do parâmetro de acoplamento também é observada na criação de multi-respiradores no sistema de tantalato de lítio. No entanto, na nossa simulação numérica, já foram observadas bi-espumas num valor mais baixo de acoplamento e não há formação de multi-espumas até um valor de acoplamento de 5. À medida que o acoplamento aumenta, começam a formar-se multi-cérebros. Vários autores, com soluções numéricas para dispositivos de comunicação ótica, fizeram observações importantes sobre o aparecimento de multissólitos através do controlo de vários parâmetros **[52]**. Assim, as figuras 3D de BDs clássicos revelam informações importantes em relação a diferentes valores de amortecimento e acoplamento no sistema ferroelétrico, o que tem implicações na aplicação como materiais de comutação com baixo campo de comutação.

1.3. Respiradores quânticos.

Nesta nova abordagem, para a caraterização de BDs ou respiradores clássicos **[51]**, o sistema bulk foi a ferramenta correta, mas quando estamos a lidar com sistemas mais pequenos, temos de usar a física quântica, o que nos leva aos respiradores quânticos (QBs) **[53,54]**. Uma vez gerados, os QBs modificam as propriedades do sistema, como a termodinâmica da rede, e introduzem a possibilidade de transporte não dispersivo de energia, como geralmente descrito para os DBs **[55]**. Estas são observadas em muitos sistemas: (a) matriz em escada da junção Josephson para supercondutores **[56]**, (b) BEC em redes ópticas ou redes fotónicas não lineares **[57]**, (c) guias de ondas ópticas em interação **[58]**, vibrações de cantilever em redes micromecânicas **[59]**, macromoléculas comoDNA **[60]**, metamateriais baseados em ressonadores de anel dividido (SRR) em matrizes de antenas **[61]**, estados ligados a dois magnésios em antiferromagnetos **[62]**, estados ligados a dois fónons (TPBS), i. e. respiradores quânticos devidos a respirações quânticas em virtude de uma ligação de dois fónons **[63]**.e. respiros quânticos devidos a defeitos de carga em ferroeléctricos, investigados pelo método Hamiltoniano da grelha de Fourier **[63]**.

A próxima questão que se coloca é: como é que caracterizamos os respiradores discretos? Isto é análogo à sua contraparte clássica, em que alguns harmónicos superiores se encontram fora do espetro linear (continuum) do sistema **[38]**. Quando alguns estados do sistema mecânico quântico se encontram fora do continuum das energias próprias, existe um respirador quântico. A ramificação do estado de respiro quântico a partir do contínuo de um único fão é bastante notável em sistemas com defeitos de carga **[63]**. O estado ligado ao fão ou estado de respiro é aqui brevemente descrito. Apesar do nosso trabalho sobre respiradores discretos **[50,51]**, até agora a fixação tem sido explicada de forma clássica, o que nos leva a pensar em explicações quânticas que foram brevemente exploradas para a ferroeléctrica. Embora não existam dados de impurezas para o tantalato de lítio, poderíamos trabalhar com o coeficiente de Landau ou com a via da descontinuidade para explorar se também existe pinning nestes sistemas (ver secção 3.2). Para os respiradores quânticos, é importante ter em conta informações pormenorizadas sobre os fónons e o seu conceito de estado ligado, que é sensível ao grau de descontinuidade. No eigenspectrum ou, mais tradicionalmente, no gráfico E_k vs k, uma banda de respirador quântico separa-se da banda de fões deslocalizados. Ou, por outras palavras, é a tendência de salto dos fões que descreve os respiradores quânticos.

Assim, consideremos que os fonões de uma sub-rede podem saltar de um domínio para outro domínio adjacente. Este salto pode ter algumas consequências com a alteração da descontinuidade ou do campo de comutação que está novamente relacionado com a impureza na rede, pelo que a "força de salto" pode estar diretamente relacionada com este fenómeno. É determinada pela determinação do intervalo de energia da banda fónica (ou seja, o intervalo de energia entre os fónons deslocalizados e localizados) no espetro próprio habitual **[2]**. Na mecânica quântica, os fónons simples são considerados deslocalizados. Se dois fónons estiverem ligados, então podem estar num estado localizado que é necessário para a formação de respiradores quânticos. Para estes dois tipos de fonões, como a energia é diferente, a banda localizada de dois fonões tem de se separar do continuum de um único fonão. Como os fónons são vibrações quantizadas, os respiradores assim formados através da localização espacial são chamados "respiradores quânticos" (QBs) **[53,54]**. Por conseguinte, os estados ligados de dois fões são considerados como assinatura de QBs.

Numa pesquisa bibliográfica não exaustiva, apresenta-se aqui uma breve descrição do estudo do fão e das suas vibrações. Corso et al. fizeram um estudo extensivo da teoria de perturbação do funcional da densidade para cálculos de dinâmica da rede numa variedade de materiais, incluindo ferroeléctricos **[64]**. Empregaram uma abordagem não linear para avaliar principalmente a energia de troca e de correlação, que estavam relacionadas com a suscetibilidade ótica não linear de um material a baixa frequência **[65]**. A relação de dispersão fónica dos ferroeléctricos foi também extensivamente estudada por Ghosez et al **[66,67]**; estes dados estavam, no entanto, mais relacionados com a estrutura e as ligações metal-oxigénio do que com as vibrações de domínio ou o movimento dos solitões. Num trabalho muito interessante, Cohen e Ruvalds **[68]** interpretaram um segundo pico nos espectros Raman como prova da existência de um "estado ligado" do sistema de dois fões e estimaram para o diamante a interação anarmónica repulsiva fão-fão que separa o estado ligado do contínuo fónico.

Um análogo da espetroscopia de dispersão de luz no domínio do tempo em femtossegundos, designado por dispersão Raman estimulada impulsivamente (ISRS), é uma técnica muito útil **[69]**. Esta técnica tem sido amplamente utilizada por Nelson e colaboradores **[70]** no tratamento das vibrações anarmónicas nos cristais de niobato de lítio e de tantalato de lítio. Stone e Dierolf **[71]** efectuaram alguns trabalhos sobre a influência das paredes de domínio no processo de dispersão Raman no niobato de lítio e no tantalato de lítio. Uma técnica poderosa, como as simulações de dinâmica molecular de pacotes de ondas vibracionais, foi utilizada por Phillpot et al. **[72]** para estudar a dispersão de modos acústicos longitudinais e previu que a presença de lacunas no espetro de fões de nanofios finos de elevada simetria resultará numa reflexão completa dos fões nas interfaces.

Os respiradores quânticos podem ser caracterizados por vários métodos **[73]**, tais como: 1) Divisão e correlações, calculando o espaçamento de energia do vizinho mais próximo (tunnelling splitting) entre pares de estados próprios simétrico-antisimétricos, 2) Flutuação do número total de quanta: medindo a contribuição relativa de cada estado da base, 3) Emaranhamento: minimizando a distância de um dado estado ao espaço de estados produto do problema de muitos corpos, 4) Evolução temporal de excitações inicialmente localizadas no sistema - evolução temporal do número total de quanta ou fonões, 5) Cruzamentos evitados e estados próprios degenerados no sistema: o peso exponencialmente pequeno dos estados do par de tunelamento na região da barreira dinâmica. Alguns dos métodos acima referidos envolvem a diagonalização de matrizes e a técnica de integral de caminho de Feynman, tal como apresentada por Schulman para descrever o tunelamento quântico e a estabilidade das BDs **[74]**. Neste artigo, dos cinco métodos acima referidos, o nosso foco principal será o ponto número (4), ou seja, a variação temporal do número de quanta, uma vez que é conveniente caraterizar as BDs por este método

Agora surge a questão: quais são as aplicações dos QBs ou ajuda a criar um dispositivo? Qual é a vantagem de um sistema que tem QB em relação a um sistema que não a tem? Uma vez geradas, as QBs modificam as propriedades do sistema, como a termodinâmica da rede, e introduzem a possibilidade de transporte não dispersivo de energia, como geralmente descrito para as BDs **[16]**. Depois, surge o aspeto da computação quântica e da transferência de energia direcionada (TET) **[7]**. Quando utilizamos a combinação de múltiplos qubits (bits quânticos) para codificar um sinal em vez da combinação de bits clássicos (1, 0), estamos no regime da computação quântica. O hardware é feito de vários materiais. No entanto, no caso dos computadores quânticos, a seleção do material **[75,76]** continua a ser uma questão discutível, que pode ser resolvida utilizando um modelo anarmónico, como o modelo K-G, em que os níveis de energia não são equidistantes, o que nos dá a capacidade de aproveitar adequadamente os comportamentos físicos e também computacionais. Assim, estes poços de potencial anarmónico não equidistantes podem ter implicações importantes do ponto de vista da aplicação, e esta é a razão pela qual estamos a trabalhar na rede K-G.

Embora os QBs sejam caracterizados por vários métodos **[73]**, aqui o nosso foco principal será a evolução temporal do número de quanta, uma vez que é possível descobrir o "tempo crítico de redistribuição" que é proporcional ao tempo de vida do QB em femtossegundos, o que pode ser útil para a aplicação da computação quântica. Os QBs foram estudados para casos de dímeros e trímeros, e isso também por uma abordagem (principalmente) de condições de fronteira periódicas. No entanto, um material real é constituído por muitas subunidades, ou seja, milhares de domínios que formam ferroeléctricos, cada um deles actuando como sítios e os fónons actuando aqui como bosões ou quanta. Mais uma vez, o modo como o aumento do número de sítios e de bosões afecta um sistema pode também ser considerado um tópico interessante. Por conseguinte, este facto conduz-nos a um estudo que considera um maior número de sítios e de quanta. Este é também o principal objetivo da presente tese.

O comportamento da localização quântica na rede K-G tem sido estudado por muitos investigadores em termos de rede de quatro átomos com função periódica, nomeadamente por Proville **[77-78]**, a deslocalização e o comportamento de espalhamento de pacotes de ondas por Flach et al. **[2]**, o caso do dímero para transferência de energia direcionada por Aubry et al. **[7]**. Aqui apresentamos um método generalizado para qualquer número de sítios e quanta sem condição de fronteira periódica para mostrar os estados QB. Na rede K-G, é importante calcular o "tempo crítico" de redistribuição de quanta sob várias condições físicas. É o "momento" em que a evolução temporal do número de quanta se encontra ou tende a encontrar-se pela primeira vez.

Para reforçar o nosso enfoque na evolução temporal dos quanta, deve notar-se que a aplicação da QB em ferroeléctrica consiste em muitos campos tecnológicos diferentes, nomeadamente a "síntese de impulsos ópticos coerentes com a fase" **[79]**, a "geração de luz paramétrica" **[80]** e a "espetroscopia ultra-rápida" **[81]**. Relativamente a esta última aplicação, Nelson et al. **[69]** estudaram tanto o tantalato de lítio como o niobato de lítio. O ponto crítico em que a evolução temporal dos quanta se encontra ou tende a encontrar-se pode estar diretamente relacionado com o fenómeno de comutação ferroeléctrica, que, se for bem adaptado, pode conduzir a qualquer das aplicações acima referidas. Assim, a visão da ferroeletricidade em termos de fonões e o seu estudo através da evolução temporal sob vários parâmetros de controlo assumem importância. Subhra Jyoti Mandal et al. **[82]** apresenta os respiros quânticos em condições de fronteira não periódicas em diferentes materiais ópticos não lineares, no sistema K-G que foi discutido mais tarde.

1.4. Aplicação.

Há uma quantidade crescente de trabalho experimental e teórico relacionado com a aplicação do conceito de respiro discreto a diferentes sectores, como materiais supercondutores, condensados de Bose-Einstein, estruturas antiferromagnéticas, cristais e moléculas, sistemas micromecânicos e outros. As aplicações dos respiradores discretos são apresentadas aqui de forma mais breve.

1.4.1. Rede de junção Josephson

Uma junção Josephson é uma sanduíche constituída por dois supercondutores separados por uma barreira não supercondutora. Uma corrente eléctrica pode fluir livremente no interior dos supercondutores, mas a barreira impede que a corrente flua livremente entre eles. No entanto, a supercorrente pode atravessar a barreira por túnel, dependendo da fase quântica dos supercondutores. A quantidade de supercorrente que pode atravessar a barreira depende da espessura da barreira. O valor máximo que a supercorrente pode atingir é chamado de corrente crítica da junção Josephson, e é um parâmetro importante de uma junção. As junções Josephson têm duas propriedades eléctricas básicas. A primeira é uma reactância indutiva, que depende da corrente. A segunda é que uma tensão constante através de uma junção produzirá uma corrente oscilante através da barreira, e vice-versa. Assim, as junções Josephson convertem uma tensão dc numa corrente ac. Existem dois tipos principais de junções Josephson: com sobreamortecimento e com subamortecimento. Nas junções sobreamortecidas, por exemplo, supercondutor-metal normal-supercondutor (SNS), a barreira é condutora. Uma junção sobreamortecida atingirá rapidamente um estado de equilíbrio único para qualquer conjunto de condições. A barreira de uma junção sub-amortecida é um isolador. Nestas junções supercondutor-isolador-supercondutor (SIS), os efeitos da resistência interna da junção são mínimos. A seguir, serão discutidas a observação e as propriedades de respiros discretos em conjuntos de junções Josephson subamortecidas. A maior parte dos resultados diz respeito a junções no seu regime clássico. Em particular, o desenvolvimento de qubits utilizando a tecnologia de junção abre a possibilidade de estudos experimentais de respiros discretos quânticos. A escala de comprimento (tamanho) típica de uma junção será da ordem dos microns, enquanto as frequências caraterísticas se situam na gama dos GHz aos THz.

1.4.2. Dispersão de luz ressonante.

A dispersão ressonante de ondas planas por respiradores discretos é uma das tarefas mais exigentes da investigação experimental. Não só a configuração da dispersão tem de ser cuidadosamente concebida, como também é necessário dispor de meios adequados para detetar as partes reflectidas e transmitidas das ondas. Os guias de onda ópticos acoplados parecem ser um dos melhores candidatos para realizar tais experiências. No entanto, no modelo DNLS, a ressonância de Fano é observada no contexto de uma transmissão muito baixa ($\sim 10^{-8}$), o que torna praticamente impossível a sua observação numa experiência. Uma das possibilidades para melhorar a transmissão de fundo é modificar as propriedades das ondas planas longe do centro do respirador **[83]**. A configuração correspondente é mostrada na Fig. 1.1 (a).

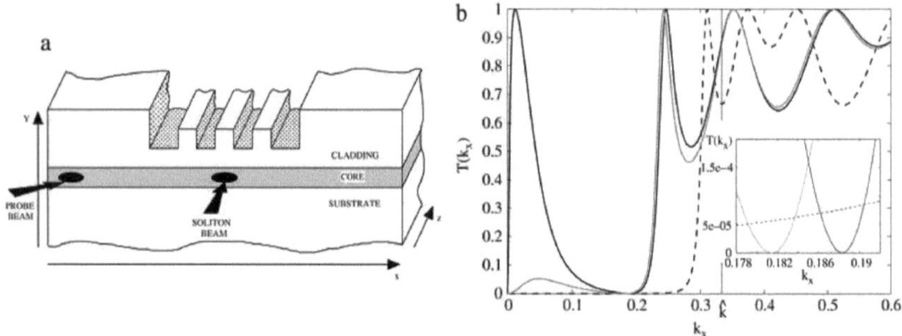

Fig. 1.1. (a) Estrutura esquemática da instalação de dispersão de ondas. O feixe de solitões é enviado ao longo do eixo z, enquanto o feixe da sonda se propaga no plano xz com um certo ângulo em relação ao solitão. (b) Coeficiente de transmissão T (k_x) para o sistema sem um solitão (linha tracejada) e com solitões com intensidades ligeiramente diferentes (linhas sólidas pretas e cinzentas) **[83]**.

Consiste numa secção com um índice de refração periodicamente modulado, rodeada por secções de guias de onda planas. Para colocar uma ressonância de Fano dentro da banda de transmissão é necessário que o índice de refração efetivo n_0 nas secções planas circundantes seja superior ao índice médio dentro da secção modulada **[83]**. O respirador (solitão discreto) é excitado na secção modulada pela injeção de um feixe altamente intenso em um dos guias de onda embebidos. Uma vez que está bem localizado na direção transversal x, é suficiente ter apenas alguns guias de onda acoplados dentro da secção modulada. Para completar a configuração da dispersão, um feixe de sonda adicional é enviado num ângulo em relação ao respirador.

1.4.3. Dispositivos macroscópicos, escalas e previsões.

1.4.3.1. Dispositivos macroscópicos

Foram obtidos respiradores discretos em redes eléctricas **[84, 85]**. Representam essencialmente uma linha de transmissão eléctrica, em que cada elemento da cadeia contém um condensador e uma indutância, com perdas inevitáveis através de uma resistência finita. Um elemento deste tipo é um oscilador amortecido, que pode ser facilmente concebido para ser não linear. Ao conduzir o sistema a algumas centenas de kHz, podem ser estabilizados e observados respiros discretos. Uma reviravolta recente foi efectuada por Sato et al. **[86]**. Os respiradores discretos bloqueados (ILM) foram manipulados através da adição de impurezas estáticas na rede, que são capazes de os semear, destruir, atrair ou repelir.
Obtiveram-se também respiradores discretos em cadeias de pêndulos que interagem por interação dipolo-dipolo magnético **[87]**. Estes dispositivos são na realidade simples experiências de mesa, extremamente úteis para demonstração nas aulas. Cada pêndulo tem cerca de 10 cm de comprimento, a distância é da ordem de alguns centímetros. Os períodos tipicamente realizáveis de uma vibração discreta do respirador são da ordem de um segundo, e os tempos de vida realizáveis são da ordem de 30 s (na ausência de bombagem). Estudos semelhantes são relatados em **[88]**.

1.4.3.2. Escalas de tempo e de comprimento.

Os estudos experimentais enumerados nas secções anteriores demonstram uma variedade surpreendentemente grande de escalas de tempo e de comprimento. As redes Josephson funcionam em escalas de comprimento de µm e em escalas de tempo de 10^{-11} s, com alguma flexibilidade para l e τ ainda mais curtos. Os tempos de vida dos estados roto-respiradores são da ordem dos minutos (devido à estabilização da polarização dc externa). Os condensados de Bose-Einstein em redes ópticas operam novamente em escalas de comprimento de µm, enquanto a escala de tempo é da ordem dos ms. Os tempos de vida dos respiradores discretos são da ordem dos 10^{-100} ms. Os conjuntos de cantileveres micromecânicos funcionam a escalas de comprimento de 50 µm e a escalas de tempo de 10^{-5} s, com tempos de vida até 100 ms. As excitações de respiro discreto em moléculas e sólidos são caracterizadas por

e escalas temporais de 10^{-13}s. Uma vez que as configurações laboratoriais imitam facilmente tais excitações em escalas de comprimento macroscópico (5 cm) e escalas de tempo da ordem dos segundos, os respiradores discretos podem excitar-se virtualmente em qualquer escala de tempo e comprimento, dependendo da conceção do sistema.

1.4.3.3 <u>Previsões mais teóricas</u>

Consequentemente, há muitas especulações teóricas sobre a possível observação de respiradores discretos em vários outros sistemas. Sem pretender ser exaustivo, mencionamos algumas delas. Peyrard e Bishop formularam um modelo de rede que descreve a desnaturação do ADN **[89]**. O modelo foi aperfeiçoado por Dauxois et al. **[90]**. As aberturas de pares de bases estão relacionadas com excitações localizadas de grande amplitude (talvez respiradores discretos) **[91-92]**. O modelo é utilizado para prever várias propriedades dinâmicas das aberturas de pares de bases e a sua relação com os processos de transcrição do ADN **[93-94]**. Peyrard e Sire especulam sobre a persistência de respiradores em biomoléculas **[95]**, e Savin e Manevitch - em cadeias de polietileno **[96]**. Juanico e colaboradores argumentam a favor do aparecimento de DBs em modelos de redes não lineares de proteínas **[97]**. O papel dos respiradores discretos numa transferência de energia direcionada em sistemas complexos foi discutido **[98-99]**. Mingaleev et al. **[100]** estudaram a dinâmica conformacional dos biopolímeros e identificaram excitações localizadas em locais de flexão, que afectam fortemente a dinâmica posterior do biopolímero. Kourakis e Shukla **[101]** estudam a dinâmica de cristais de plasma empoeirados. Prevê-se que as oscilações verticais dos grãos de poeira formem modos discretos de respiração. Foram propostas ondas electromagnéticas localizadas em metamateriais magnéticos **[102-103]**. Finalmente, Savin e Kivshar calculam estados de respiro discretos na vibração da rede de nanotubos de carbono **[104]**, que foram estudados por Kinoshita et al. **[105]**. Yamayose et al. estudam modos localizados intrínsecos numa folha de grafeno **[106]**

1.5 Motivação do presente trabalho

A motivação do presente trabalho resulta do facto de a equação K-G ter sido previamente construída a partir do Hamiltoniano. A solução de uma tal "equação diferencial parcial não linear" dá origem a soluções de solitões (por transformação de variáveis) que são robustas tanto no caso contínuo como no caso discreto. Estas ondas solitónicas têm uma grande importância em sistemas de comunicação ótica não linear envolvendo vários materiais ópticos não lineares, tais como ferroeléctricos, metamateriais e macromoléculas de ADN. Numa situação localizada, ou seja, em redes discretas, estas evoluções dão origem a modos localizados intrínsecos ou a solitões discretos, também designados por "respiradores discretos". Em contraste com os pacotes de ondas móveis como os solitões, que são robustos e se propagam sem alteração da forma, os "respiradores" são soluções discretas que são pacotes de ondas localizados e periódicos no tempo, e cujas frequências se estendem para além do espetro fónico linear.

A presença de um estado de ligação de dois fões (TPBS) ou de um estado de respiro quântico através de cálculos quânticos detalhados já foi demonstrada em importantes materiais fotónicos não lineares, tais como ferroeléctricos, metamateriais e macromoléculas de ADN. Este último foi feito numa condição de fronteira periódica com função de Bloch em termos de variações importantes dos parâmetros TPBS contra a descontinuidade. Nos ferroeléctricos, um sistema hamiltoniano, tal como o sistema dipolar, o comportamento da polarização destes ferroeléctricos pode ser bem modelado pela equação de Klein-Gordon (K-G). Para investigar os estados quânticos relacionados com os respiradores discretos, a mesma rede K-G é quantizada para dar origem a respiradores quânticos (QBs) que são explicados por uma condição de fronteira periódica. Os metamateriais são também importantes materiais ópticos não lineares para aplicações em split-ring-resonator (SRR) nos conjuntos de antenas. Usando uma abordagem de Klein-Gordon, uma condição de fronteira periódica, os respiros quânticos também são mostrados em termos de parâmetros TPBS contra o acoplamento no sistema SRR. Observa-se uma variação importante dos parâmetros TPBS com os acoplamentos.

Nesta tese, uma condição de fronteira não-periódica e uma abordagem conservadora do número, para além de várias técnicas disponíveis, apenas a evolução temporal do número de quanta (i.e. fónons) em mais sítios, i.e. em mais domínios, é detalhada nesta investigação para um sistema de Klein-Gordon generalizado com importante aplicação em macromoléculas como o DNA. Os espectros de evolução temporal são também apresentados.

A partir do ponto de encontro aproximado de diferentes quanta, derivamos também o "tempo de redistribuição" ou "tempo crítico" de quanta que é proporcional ao tempo de vida dos respiradores quânticos (QBs) em femtossegundos (fs).

1.6. Resumo.

Neste capítulo é apresentada uma revisão da literatura sobre solitões discretos, ou seja, respiradores discretos clássicos. No final, os respiradores quânticos foram também descritos sob condições de fronteira periódicas e não periódicas, com uma menção sobre diferentes métodos de caraterização. A aplicação de respiradores discretos em diferentes perspectivas é também discutida. Finalmente, apresenta-se a motivação e a organização da tese.

2 Descontinuidade, solitões e solitões ópticos

2.1 Introdução

O solitão é uma onda solitária que se auto-reforça e mantém a sua forma enquanto se desloca a uma velocidade constante. Os solitões são causados pelo cancelamento de efeitos não lineares e dispersivos no meio. Os solitões surgem como soluções de uma vasta classe de equações diferenciais parciais dispersivas fracamente não lineares que descrevem sistemas físicos. O fenómeno do solitão foi descrito pela primeira vez por John Scott Russell **[107]**, que observou uma onda solitária no Union Canal, na Escócia. Reproduziu o fenómeno em laboratório num tanque de ondas e chamou-lhe "Onda de Translação".

Neste Capítulo, considera-se propagação de ondas em sistemas não lineares e introduz-se o conceito de perturbação não evolutiva, localizada e em interação, ou seja, o solitão. Em particular, é traçada uma abordagem "clássica" aos solitões e às ondas solitárias, como soluções isoladas de sistemas não lineares integráveis, e o seu carácter interdisciplinar é brevemente apresentado. Finalmente, a discussão é especializada em Ótica, onde diferentes tipos de solitões têm sido observados. Neste contexto, é abordada a perspetiva dita "linear". É preferível começar pela "não-linearidade".

Não linearidade e "novos" objectos

2.2 Não-Linearidade:

A nossa mãe natureza é não linear, ou seja, nuvens, chuvas, neves, etc. Falar da não linearidade como um domínio independente, peculiar e *estranho* da Física é uma mistificação. Os fenómenos não lineares são sim interessantes e atractivos, porque parecem transcender a nossa intuição quotidiana, mas são, ao mesmo tempo, manifestações naturais de um sistema contínuo que evolui de uma forma mais ou menos não-perturbativa, em que uma abordagem de "pequena oscilação" é insuficiente. O comportamento não linear é, de facto, a evolução *normal* dos sistemas. Se estudarmos um sistema próximo de uma configuração estacionária estável, verificamos que a abordagem mais útil consiste em aplicar as leis fundamentais de base aos elementos individuais em interação e, em seguida, aproximar o comportamento dinâmico expandindo as quantidades relevantes em torno do ponto de equilíbrio. Isto permite geralmente descrever a dinâmica através de *equações diferenciais lineares* mais ou menos complicadas. Uma consequência natural desta situação é o aparecimento de *novas* construções físicas relevantes: os modos normais. Estes modos representam as funções próprias das equações diferenciais e, numa propagação geral, são caracterizados por um parâmetro (multidimensional) $\boldsymbol{k}$, o valor próprio que é conhecido como *vetor de onda.*

A estrutura da equação de evolução estabelece uma determinada relação entre este vetor de onda e a velocidade de evolução da solução em questão (i.e. a relação de dispersão). Finalmente, a linearidade do sistema permite a aplicação de um teorema *de sobreposição* generalizado. Se o sistema contínuo for excitado com uma perturbação inicial localizada, verifica-se que o sistema evolui *espalhando* a sua estrutura, devido às diferentes velocidades dos seus modos constituintes iniciais. Este fenómeno, conhecido em ótica como difração (isto é, a localização espacial) e dispersão (isto é, a localização temporal), é em geral peculiar a qualquer sistema contínuo linear (ou mais precisamente, linear aproximado).

Quando, pelo contrário, as interações no sistema são de molde a implicar trocas de momento e de energia comparáveis à energia *de ligação* do potencial de equilíbrio, esta descrição é interrompida e surge uma fenomenologia mais complexa, "não linear". Uma consequência geral é o aparecimento de "acoplamento" entre os modos. A não linearidade pode canalizar energia de um modo para o outro **[108]**. Este é, por exemplo, o caso do que se poderia designar por ótica não linear "clássica", cujo epítome é por vezes identificado na geração de segundo harmónico **[109]**: o campo elétrico oscilante associado a um feixe ótico intenso que se propaga na matéria transmite às partículas carregadas do meio um impulso que é comparável à sua energia de equilíbrio de ligação. A polarização material resultante é fortemente anarmónica, e as cargas (electrões) começam a oscilar tanto na frequência ótica fundamental como em frequências harmónicas mais elevadas. Em particular, a oscilação do segundo harmónico, em configurações especiais, pode dar origem a uma excitação ótica estável com o dobro da frequência inicial. O efeito líquido é uma transferência, através da mediação anarmónica da matéria, de potência ótica de um modo próprio ótico linear do espaço livre para outro, com o dobro da frequência.

2.3 O Soliton:

Um soliton é uma perturbação altamente localizada que se propaga num meio contínuo sem sofrer distorção ou modificação **[110]**. É o fruto de uma interação não linear que equilibra exatamente a tendência de um impulso localizado se *propagar* num meio contínuo linear. Os solitões comportam-se como partículas fundamentais (embora não o sejam): viajam através da matéria sem deixar energia dispersa, e são caracterizados por uma energia e direção bem definidas, que, em alguns casos, são conservadas em colisões solitão-solitão. Os solitões surgem em muitos sistemas ondulatórios, como as ondas de água, as ondas sonoras e as ondas de luz. Embora tenham sido provavelmente observados muitas vezes ao longo da história (ondas anómalas, grandes ondas de choque, etc.), a primeira observação documentada e consciente de um solitão, ou onda solitária, foi relatada por Russell, um engenheiro naval escocês, em 1844 **[107]**. A sua primeira observação foi supostamente uma onda de água num canal de irrigação, estimulada pela paragem súbita de uma embarcação a cavalo no canal. A onda resultante propagou-se por muitos quilómetros ao longo do canal sem se espalhar e sem perder a sua energia inicial, até que o próprio Russell a perdeu de vista numa série de desvios do canal.

Observações sucessivas mostraram que a velocidade da onda em propagação estava relacionada com a amplitude da perturbação: uma assinatura de não linearidade. Uma descoberta ainda mais surpreendente foi o facto de, para outros tipos de perturbação, se formarem mais impulsos de propagação, cada um com a mesma evolução solitária sem dispersão. Estes impulsos ultrapassavam-se e passavam *uns pelos* outros sem qualquer troca de energia percetível ou sem perda das caraterísticas de solitão. No final do século XIX, Kortweg e de Vries (KdV), em 1895 **[111]**, encontraram uma explicação analítica para as observações: eles formularam o problema da propagação de ondas de água num canal apertado quando o deslocamento da água era pequeno em relação à profundidade real do canal. Conseguiram escrever explicitamente a equação de propagação não-linear, agora conhecida como equação de KdV, e descobriram que esta equação geralmente não-integrável tinha de facto soluções integráveis explícitas isoladas sob a forma de impulsos de propagação localizados e não-dispersos: *os solitões*. Conseguiram prever a relação anómala observada entre a amplitude dos impulsos e a velocidade de propagação, interpretando assim a fenomenologia relatada cerca de cinquenta anos antes por Russell.

Uma segunda equação de propagação não-linear foi investigada por Skyrme em 1958, conhecida como equação senoidal de Gordon, derivada de uma simples extensão periódica da equação de campo de Klein-Gordon: esta equação também permitia solitões na forma de "kinks" **[112]**. Em particular, ambos estes sistemas manifestavam uma caraterística peculiar: quando dois solitões colidiam, não trocavam qualquer tipo de energia nem eram de forma alguma afectados pela interação, para além de uma peculiar *mudança de fase* -- esta caraterística fez com que Zabusky e Kruskal sugerissem o nome de "solitão" em 1965 **[113]**. Este facto evidencia que as "novas" entidades físicas, i.e. os solitões, se comportam como partículas clássicas, com exceção de uma interação de fase "estranha" que é uma assinatura da sua origem não linear complexa. Uma última equação fundamental de propagação não linear que suporta os solitões e que é particularmente importante em Ótica foi formulada por Hasegawa e Tappert em 1973 **[114]**, e é relevante para a propagação de um feixe ótico intenso e localizado num meio isotrópico, fracamente não linear: a polarizabilidade de terceira ordem, conhecida como efeito Kerr ótico, que dá origem ao que é conhecido como Equação de Schroedinger não linear (NLSE). As soluções integráveis isoladas são os chamados electrólitos de Kerr e a sua realização temporal, observada pela primeira vez por Molenauer, Stolen e Gordon em 2006 **[115]**, é atualmente utilizada em ligações de telecomunicações de elevado débito. As estruturas multi-sóliton, como as observadas inicialmente por Russell, encontram neste contexto uma explicação elegante: representam soluções de solitões de ordem superior, ou impulsos multisóliton, também analiticamente deriváveis das equações de onda não lineares iniciais.

2.4 Soliton ótico:

Os solitões ópticos são excitações não lineares localizadas, que no caso dos solitões espaciais existem devido ao equilíbrio mútuo entre difração e não linearidade ou no caso dos solitões temporais devido ao equilíbrio mútuo entre dispersão e não linearidade. Além disso, os solitões ópticos podem propagar-se, sem distorção ou sem perturbação, a distâncias indefinidamente longas. Uma vez que se trata de objectos não lineares, os solitões podem interagir entre si, ora elasticamente ora inelasticamente, interação elástica como se fossem partículas mecânicas, ou no caso de interação inelástica, em que vários solitões podem fundir-se ou dar origem a novos solitões. No caso dos solitões espaciais, a modulação transversal do índice de refração do material não-linear afecta drasticamente as suas propriedades e proporciona novas ferramentas para o controlo da dinâmica de propagação dos solitões. Aqui, é feita uma revisão sobre algumas possibilidades de controlo de solitões oferecidas por redes periódicas e redes produzidas por feixes de luz não difractores.

Ao contrário dos sinais, que são altamente móveis, os bloqueadores tendem a manter a sua posição após um evento de colisão. Após uma colisão incoerente, o solitão do sinal é encaminhado para o ramo inferior, o que se deve à presença dos dois bloqueadores nas entradas das respectivas vias. As excitações de ondas naturalmente não lineares encontram-se em todo o lado. Desempenham um papel muito importante na descrição de uma grande variedade de fenómenos naturais e nas suas aplicações em vários ramos da ciência e da tecnologia, da ótica à dinâmica dos fluidos e à oceanografia, à física do estado sólido, aos condensados de Bose-Einstein, à cosmologia, etc. Os exemplos são numerosos **[116-121]**. As excitações ondulatórias não lineares que evoluem com menor distorção são geralmente designadas por solitões. Os solitões têm sido objeto de intensa investigação teórica e experimental em numerosos domínios.

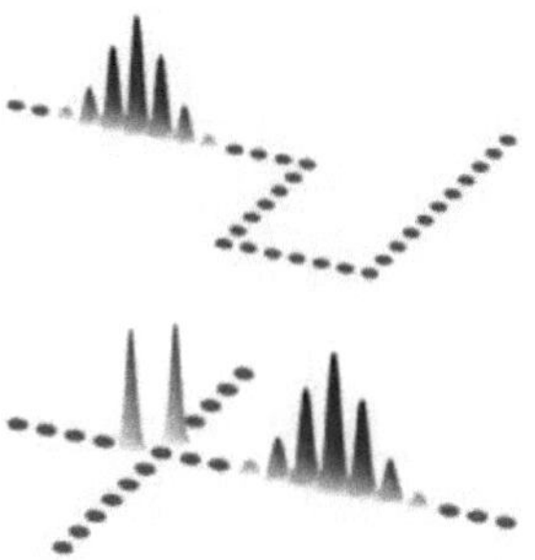

Fig 2.1: Possíveis aplicações de solitões discretos. A linha superior representa uma rede de matriz não linear envolvendo curvas consecutivas. A cor verde representa secções transversais de guias de ondas. A cor vermelha indica que um solitão discreto, tal como se mostra na figura, é posto em movimento neste sistema através de uma inclinação adequada do feixe. As simulações em computador indicam que o solitão discreto pode negociar com sucesso uma sequência de curvas. Linha inferior: Uma junção de comutação X que utiliza duas famílias diferentes de solitões discretos, sinal a vermelho e bloqueadores a azul.

A história dos solitões começa em 1844, quando John Scott Russell observou que um monte de água num canal se propagava sem perturbações ao longo de vários quilómetros. Os solitões têm três propriedades básicas, que são as seguintes

(a) Os solitões são de forma permanente.

(b) Os solitões estão localizados na região.

(c) Os solitões podem interagir com outros solitões e a sua identidade permanece inalterada.

Em termos de ótica não-linear, os solitões são basicamente classificados como temporais ou espaciais, o que depende do facto de o confinamento ocorrer no tempo ou no espaço. Os solitões temporais representam impulsos ópticos que mantêm a sua forma temporal e se propagam inalterados a grandes distâncias, enquanto os solitões espaciais são feixes auto-guiados que mantêm as distribuições de intensidade transversal no plano ortogonal à direção de propagação. Ambos os casos de solitões surgem devido à alteração não linear do índice de refração do material induzida pela intensidade da luz.

Em ótica não linear, *o efeito Kerr* é um fenómeno que modifica o índice de refração e o índice de refração depende da intensidade ótica, o que leva à auto-focalização espacial (ou autofocalização) e à modulação temporal de autofase. É o efeito não linear que é responsável pela formação de solitões ópticos. A formação de solitões espaciais ocorre quando a auto-focalização de um feixe ótico equilibra o seu espalhamento no plano transversal devido à difração. Por outro lado, a formação de solitões temporais ocorre quando a modulação de fase equilibra o alargamento natural induzido pela dispersão de um impulso ótico. O exemplo mais antigo de um solitão espacial foi a descoberta do fenómeno não linear de auto-aprisionamento de feixes ópticos de onda contínua num meio não linear uniforme em 1964, enquanto que um exemplo de solitão temporal brilhante foi a propagação de impulsos ópticos através de uma fibra ótica sem alterar a sua forma em caso de dispersão anómala em 1973. As aplicações práticas dos solitões de fibra ótica foram encontradas na conceção de sistemas de comunicação de fibra ótica de longo curso (FOCS), após o que foram descobertos vários novos tipos de solitões ópticos, incluindo solitões espácio-temporais confinados no espaço e no tempo, solitões de Bragg, solitões de vórtice, solitões que existem devido a vários processos paramétricos não lineares, tais como solitões quadráticos, solitões de rede, etc. Todo este domínio de estudo é bastante fascinante.

Entre os vários solitões, os solitões de rede espacial merecem maior atenção. Os solitões de rede espacial existem nos materiais ópticos não lineares, cujo índice de refração é ligeiramente (a profundidade de modulação do índice de refração é $\sim 10^{-3}$) modulado no plano transversal. Sob condições adequadas, os materiais não homogéneos apresentam a modulação transversal do índice de refração, a difração e a descontinuidade competem em pé de igualdade, resultando na formação de estados de solitões, cujas formas são fortemente moduladas e reflectem normalmente a simetria das paisagens de índice de refração correspondentes. É interessante notar que, até há pouco tempo, a investigação nesta área estava geralmente dividida em duas categorias distintas e separadas: (a) solitões em sistemas não homogéneos que podem ser descritos por modelos matemáticos contínuos e (b) sistemas que são efetivamente descritos por equações discretas. De facto, no entanto, existe todo um mundo entre os sistemas modelados por equações de evolução totalmente contínuas e totalmente discretas. Este mundo só recentemente se tornou acessível à exploração experimental em toda a sua extensão, com o advento de redes totalmente sintonizáveis induzidas opticamente por diferentes tipos de feixes não difractores em ótica **[122]** e condensados de Bose-Einstein **[123]**

O ajuste da força das redes faz com que o comportamento de um sistema não homogéneo varie entre um sistema predominantemente contínuo e um sistema predominantemente discreto. O conceito de potência correspondente, designado por *discretização sintonizável*, tem aplicações diretas e importantes, por exemplo, para o encaminhamento e a modelação totalmente ópticos da luz em ótica, ou para a geração e manipulação de ondas quânticas de matéria correlacionada em condensados de Bose-Einstein. Para além destas aplicações, numa perspetiva mais ampla, a capacidade de regular a intensidade das caraterísticas genuinamente discretas dos sistemas não lineares não homogéneos permite aplicações importantes noutras áreas da ciência não linear, onde o conceito pode ser implementado. As redes ópticas constituem um laboratório único para efetuar essa exploração. Como já foi referido, a propagação da luz em meios cujas propriedades variam periodicamente ao longo da direção transversal apresenta uma grande variedade de oportunidades para o controlo totalmente ótico da luz.

Por exemplo, em conjuntos de guias de onda acoplados de forma evanescente, a radiação ótica pode ser transferida através do conjunto devido ao acoplamento entre os sítios vizinhos da rede, que se manifesta no fenómeno da difração discreta, que substitui a difração habitual num meio uniforme. É importante notar que, alterando o ângulo de incidência dos feixes laser em redes lineares (ou o chamado *momento de Bloch*), é possível regular o sinal e o valor absoluto do coeficiente de difração, suprimindo ou mesmo invertendo o processo de difração, o que é impossível num meio uniforme, em que o coeficiente de difração é fixado pelo material e pelo comprimento de onda da radiação. Em matrizes de guias de ondas não lineares, a radiação ótica pode aprisionar-se a si própria. Neste caso, um parâmetro-chave é a concorrência entre escalas caraterísticas do problema, como a largura do feixe e o espaçamento das guias de onda na matriz. No caso de um equilíbrio adequado, quando a auto-ação não linear compensa exatamente a difração discreta, pode formar-se um solitão ótico que está confinado apenas em vários guias de onda.

Dependendo da natureza do processo não linear subjacente, são possíveis diferentes famílias de solitões discretos. Foi demonstrado que as matrizes feitas de materiais com não linearidades Kerr, quadráticas ou fotorrefractivas dependentes da intensidade suportam solitões discretos unidimensionais e bidimensionais [**124, 125**]. Devido às suas propriedades únicas, estes solitões discretos são candidatos extremamente adequados para a conceção de circuitos e dispositivos fotónicos totalmente ópticos baseados em solitões. Os solitões discretos podem sobreviver à propagação através das curvas da rede; podem ficar presos em diferentes canais da rede, dependendo do ângulo de incidência. A mobilidade dos solitões discretos diminui com o aumento da localização espacial, de modo que as interações entre vários solitões podem ser utilizadas para o encaminhamento totalmente ótico, o bloqueio e a construção de portas lógicas.

No caso da indução de redes ópticas, encontra-se outro cenário quando a radiação ótica entra em meios não lineares com a modulação harmónica transversal impressa do índice de refração. Estas redes harmónicas não lineares suportam solitões de rede estáveis, cujas propriedades podem divergir consideravelmente das dos solitões discretos habituais. Foram recentemente observados solitões bidimensionais em redes induzidas opticamente em cristais fotorrefractivos que permitem a propagação quase linear da luz numa polarização (componente criadora da rede) e uma propagação altamente não linear na outra (componente criadora do solitão). Note-se que as redes harmónicas em cristais fotorrefractivos podem ser facilmente criadas pela interferência de pares de ondas planas, cujo padrão de interferência (ou seja, a paisagem do índice de refração induzido) permanece inalterado na direção de propagação. Apesar do facto de os guias vizinhos em redes harmónicas estarem sempre fortemente acoplados, ao alterar a profundidade da modulação do índice de refração, é possível ajustar as propriedades do sistema de quase-contínuo (a baixa profundidade de modulação) para completamente discreto (a uma profundidade de modulação considerável).

Por conseguinte, um regime intermédio constituído por meios não lineares contínuos com modulação impressa do índice de refração oferece uma série de novas oportunidades. Do ponto de vista experimental, as redes opticamente induzidas podem funcionar tanto em regimes fracamente acoplados como em regimes fortemente acoplados, oferecendo assim a afinabilidade acima referida. Para além dos estados de solitões mais simples, as redes não lineares podem suportar uma variedade de solitões de ordem superior, incluindo multipolos, vórtices e comboios de solitões, que são altamente instáveis ou não existem no meio uniforme correspondente. Tais solitões formam-se quando vários solitões de ordem mais baixa da rede são empacotados em conjunto com fases adequadamente concebidas. Isto sugere imediatamente a importante possibilidade de construir e manipular *pacotes de solitões* multi-picos para além de *bits de solitões* simples, uma caraterística que pode abrir uma nova porta em todos os esquemas de comutação ótica. É importante notar que, para além das redes ópticas mais simples, que apresentam padrões de interferência de várias ondas planas (a onda plana é uma onda não difractora mais simples num meio uniforme), podem também ser criadas redes com diferentes tipos de simetria, que podem oferecer oportunidades de alcance para a existência, gestão e controlo de solitões **[125]**.

A propagação de todos os feixes lineares em meios uniformes é descrita pela equação de Helmholtz tridimensional que admite a separação nas partes transversal e longitudinal apenas em coordenadas cartesianas, cilíndricas circulares, cilíndricas elípticas e cilíndricas parabólicas. Cada um destes sistemas de coordenadas dá então origem a um certo tipo de feixe não difractor associado a uma solução fundamental da equação de Helmholtz nessas coordenadas. A utilização destes feixes para a indução ótica abre amplas perspectivas para a criação de paisagens de índice de refração com novos tipos de simetria. As redes produzidas com feixes de Bessel não difractores são particularmente interessantes. A geometria cilíndrica da rede, com vários anéis concêntricos, proporciona propriedades e dinâmicas de solitões únicas. Em particular, para além dos solitões de ordem mais baixa aprisionados no centro da rede, é possível encontrar famílias de solitões aprisionados em diferentes anéis da rede que podem ser colocados em rotação controlada dentro de cada anel, apresentando assim novos tipos de interações de solitões dentro do anel e entre anéis. A possibilidade de colocar solitões em movimento rotativo e quase sem radiação em redes radialmente simétricas abre amplas perspectivas para o encaminhamento totalmente ótico.

As redes de Bessel estacionárias e dinâmicas produzidas por feixes de Bessel não difractores de ordem superior podem suportar complexos de solitões estáveis do tipo colar e podem ser utilizadas para comutação específica de solitões azimutais; podem ser implementadas matrizes de feixes de Bessel para construir redes e fios de solitões reconfiguráveis. As redes induzidas por feixes parabólicos não difractores suportam solitões estáveis de ordem superior com simetrias invulgares, etc. Isto indica que as redes ópticas podem suportar uma grande variedade de novas famílias de solitões, o que poderá conduzir a novos fenómenos dinâmicos e talvez oferecer novas oportunidades conceptuais para a modelação, comutação e encaminhamento totalmente ópticos de sinais ópticos codificados em formatos de solitões. O domínio da dinâmica ótica em redes ópticas não lineares encontra-se numa fase de desenvolvimento empolgante. Embora alguns dos conceitos básicos já existam há algum tempo, há ainda muito por compreender e descobrir. Os recentes progressos na técnica de fabrico e indução de redes não lineares permitem aceder ao potencial destas estruturas para utilização nos sistemas de comunicação ótica e nas redes de comutação do futuro.

A equação de Klein-Gordon foi considerada pela primeira vez como uma equação de onda quântica por Schrödinger na sua procura de uma equação que descrevesse as ondas de Broglie. A equação encontra-se nos seus cadernos de notas de finais de 1925 e parece que preparou um manuscrito aplicando-a ao átomo de hidrogénio. No entanto, por não ter em conta o spin do eletrão, a equação de Klein-Gordon prevê incorretamente a estrutura fina do átomo de hidrogénio, incluindo a sobre-estimação da magnitude global do padrão de divisão por um fator para o n-ésimo nível de energia. O resultado de Dirac é, no entanto, facilmente recuperado se o número quântico do momento orbital for substituído pelo número quântico do momento angular total **[116]**. Em janeiro de 1926, Schrödinger submeteu *a sua* equação para publicação, uma aproximação não relativista que prevê os níveis de energia de Bohr do hidrogénio sem estrutura fina.

O presente estudo é dedicado à investigação de solitões em sistemas de treliça regidos pelas equações de Klein-Gordon. Antes de discutir estas equações da rede, é feita uma breve revisão sobre o desenvolvimento de estudos sobre respiradores discretos no capítulo 3.

2.5 Soluções de solitões diferentes

A dispersão e a não-linearidade podem interagir para produzir formas de onda permanentes e localizadas. Considere-se um impulso de luz a viajar num vidro. Este impulso pode ser considerado como sendo constituído por luz de várias frequências diferentes. Uma vez que o vidro apresenta dispersão, estas diferentes frequências viajarão a diferentes velocidades e a forma do impulso alterar-se-á ao longo do tempo. No entanto, existe também o efeito Kerr não linear: o índice de refração de um material numa determinada frequência depende da amplitude ou da intensidade da luz. Se o impulso tiver a forma certa, o efeito Kerr anulará exatamente o efeito de dispersão e a forma do impulso não se alterará com o tempo: um solitão.

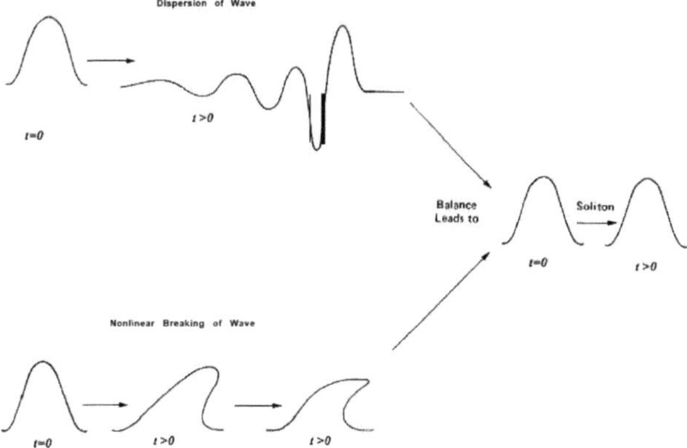

Fig 2.2: Para uma onda descrita pela equação de KdV, estes dois efeitos equilibram-se, e a onda - um solitão - propaga-se sem mudar de forma [126].

Muitos modelos exatamente solucionáveis têm soluções de solitões, incluindo a equação de Korteweg-de Vries, a equação não linear de Schrödinger, a equação não linear acoplada de Schrödinger e a equação de sine-Gordon, a próxima equação de Klein-Gordon. As soluções solitárias são normalmente obtidas através da transformada inversa de dispersão e devem a sua estabilidade à integrabilidade das equações de campo. A teoria matemática destas equações é um domínio vasto e muito ativo da investigação matemática.

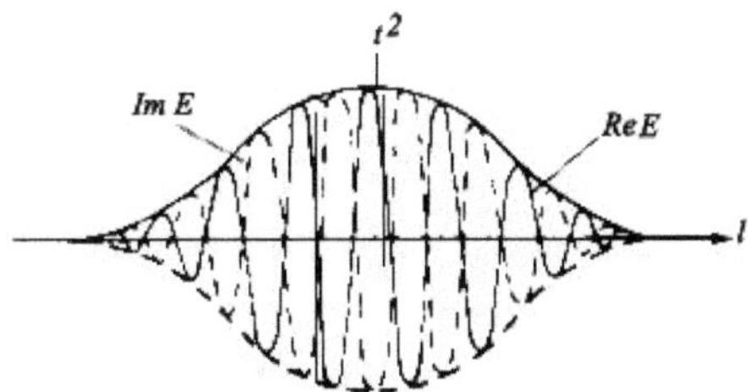

Fig 2.3: Perfil da solução de um único solitão da equação não linear de Schrodinger [126].

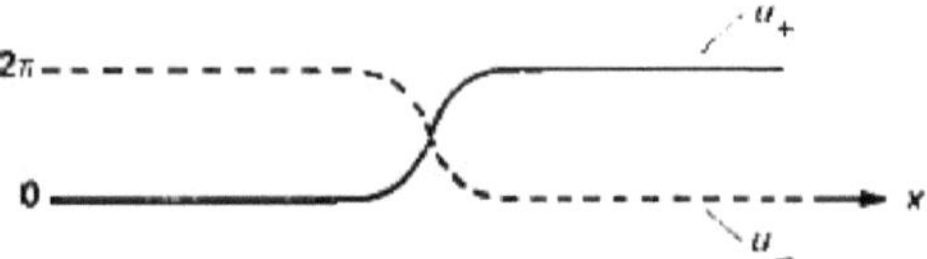

Fig. 2.4: Perfil da solução do solitão da equação de Sin Gordon [126].

Alguns tipos de maré de sizígia, um fenómeno ondulatório de alguns rios, incluindo o rio Severn, são "ondulares": uma frente de onda seguida de um conjunto de solitões. Outros solitões ocorrem como ondas internas submarinas, iniciadas pela topografia do fundo do mar, que se propagam na picnoclina oceânica. Existem também solitões atmosféricos, como a Morning Glory Cloud do Golfo de Carpentaria, onde solitões de pressão que viajam numa camada de inversão de temperatura produzem vastas nuvens lineares. O recente e não muito aceite modelo de solitões em neurociência propõe explicar a condução de sinais nos neurónios como solitões de pressão.

Um soliton topológico, também chamado de defeito topológico, é qualquer solução de um conjunto de equações diferenciais parciais que é estável contra o decaimento para a "solução trivial". A estabilidade do solitão deve-se a restrições topológicas, e não à integrabilidade das equações de campo. As restrições surgem quase sempre porque as equações diferenciais devem obedecer a um conjunto de condições de fronteira, e a fronteira tem um grupo de homotopia não trivial, preservado pelas equações diferenciais. Assim, as soluções das equações diferenciais podem ser classificadas em classes de homotopia. Não existe uma transformação contínua que permita transformar uma solução de uma classe de homotopia noutra. As soluções são verdadeiramente distintas e mantêm a sua integridade, mesmo perante forças extremamente poderosas Scott Russell passou algum tempo a fazer investigações práticas e teóricas sobre estas ondas. Construiu tanques de ondas em sua casa e observou algumas propriedades fundamentais:

- As ondas são estáveis e podem percorrer distâncias muito grandes (as ondas normais teriam tendência a achatar-se ou a inclinar-se e a tombar)
- A velocidade depende do tamanho da onda e a sua largura da profundidade da água.
- Ao contrário das ondas normais, estas nunca se fundem - por isso, uma onda pequena é ultrapassada por uma grande, em vez de as duas se combinarem.

- Se uma onda for demasiado grande para a profundidade da água, divide-se em duas, uma grande e outra pequena.

Neste capítulo, é apresentada uma panorâmica pormenorizada sobre descontinuidades, solitões e solitões ópticos com mecanismos de soluções diferentes. Do vasto oceano de literatura sobre o assunto, apenas um número limitado de referências foi apresentado para realçar várias questões de importância. Os solitões ópticos são discutidos com relativamente mais pormenor.

3 Fundamentos de Metamateriais: Revisão

3.1 Introdução:

Os materiais ópticos não lineares desempenham um papel fulcral na evolução futura da ótica não linear em geral e na sua impressão em aplicações tecnológicas e industriais em particular. Os progressos no domínio da ótica não linear têm sido enormes desde a primeira demonstração de um efeito não linear totalmente ótico no início dos anos sessenta, mas até há pouco tempo a principal ênfase visível era colocada nos aspectos físicos da interação não linear radiação-matéria. No entanto, na última década, este esforço deu também os seus frutos nos aspectos aplicados da ótica não linear. Este facto pode ser essencialmente atribuído à melhoria do desempenho dos materiais ópticos não lineares. Este capítulo descreve os novos conceitos que estão a surgir no domínio dos materiais ópticos não lineares, como os ferroeléctricos, os metamateriais e as macromoléculas de ADN, concentrando a atenção nos materiais que parecem mais promissores para aplicações na tecnologia de transmissão de informação.

A ferroeletricidade é um fenómeno que foi descoberto em 1921 e cujo nome remete para algumas analogias magnéticas, embora seja um pouco enganador, uma vez que não tem qualquer relação com o ferro (ferrum). A ferroeletricidade também tem sido designada por eletricidade de seignette, uma vez que o seignette ou sal de Rochelle foi o primeiro material a apresentar propriedades ferroeléctricas, tais como a polarização espontânea após arrefecimento abaixo do ponto Curie.

Os meios artificiais, ou seja, os metamateriais, podem ter propriedades muito mais pronunciadas do que as encontradas em materiais naturais ou podem mesmo apresentar propriedades que não foram observadas anteriormente em meios naturais. O exemplo mais proeminente de propriedades não observadas anteriormente são os metamateriais com um índice de refração negativo, ou seja, os Metamateriais de Índice Negativo (NIMs), também designados por Materiais de Mão Esquerda (LHMs). Apesar da sua simplicidade concetual, os NIMs proporcionam fenómenos ricos e surpreendentes e ainda não são bem compreendidos em detalhe. A seguir, apresentamos vários aspectos teóricos, juntamente com questões de fabrico, e focamos as principais tendências em estudos experimentais, cálculos de estrutura de banda e simulações numéricas, que são todos necessários para a implementação prática de materiais NIM.

Não é possível entrar em grandes pormenores sobre os diferentes materiais, em particular sobre uma macromolécula imensamente complicada como o ADN. No vasto oceano de boa literatura, o ADN distingue-se de qualquer outro material, tanto em termos de inovação científica como de criação tecnológica. No entanto, é feita aqui uma breve introdução sobre o ADN, nomeadamente no contexto da desnaturação, em que o nosso método de cálculos quânticos pode ser aplicado com vista ao desenvolvimento tecnológico futuro. Nos últimos anos, a modelação biomolecular tem sido objeto de uma atenção crescente, especialmente no que se refere à moléculaDNA e às estruturas proteicas. A estrutura básica daDNA é bastante bem compreendida desde a descoberta de Crick e Watson **[127]**, mas é cada vez mais evidente que a estrutura por si só não explica suficientemente a sua funcionalidade, que é imensamente complexa. Um exemplo é o mecanismo que leva à formação de bolhas emDNA , em que as duas cadeias polipeptídicas se abrem para permitir a replicação da molécula, o processamento de proteínas ou a separação completa das cadeias (desnaturação) **[128]**.

3. 2. Caraterísticas básicas de um metamaterial:

Prevê-se que as substâncias com constante dieléctrica negativa (ε) e permeabilidade magnética (μ) possuam um índice de refração negativo e, consequentemente, exibam uma variedade de propriedades ópticas que não são encontradas em materiais com índices positivos. No entanto, estes materiais de índice negativo (NIM), designados por "metamateriais", não ocorrem na natureza e só recentemente se demonstrou que podem ser fabricados artificialmente. Em 2000, Smith, Schultz e colaboradores **[129]** demonstraram, no seu trabalho pioneiro, que é possível fabricar um material artificial com caraterísticas electrodinâmicas que podem ser descritas por um índice de refração negativo, ou seja, um metamaterial de índice negativo (MNI).Nessa altura, o próprio conceito de índice de refração negativo parecia ser novo e invulgar, embora já tivesse sido introduzido em 1968 **[130]** pela consideração geral dos valores electrodinâmicos da permissividade dieléctrica ε e da permeabilidade magnética μ. A escolha de um sinal negativo para ε e μ não causa contradições matemáticas; em particular, não altera a forma de expressão clássica:

$\eta = \sqrt{\varepsilon\mu}$

(2.1)

A questão principal agora é saber como é que a eletrodinâmica dos materiais com ε e μ negativos difere da eletrodinâmica dos materiais com ε e μ positivos. Há três respostas possíveis a esta questão "retórica":

(1) Não há diferenças, ou seja, a eletrodinâmica é invariante em relação à mudança simultânea dos sinais de ε e μ.

(2) Valores simultaneamente negativos de ε e μ são, em princípio, impossíveis, uma vez que tal colide com alguns princípios básicos.

(3) São possíveis valores simultaneamente negativos de ε e μ, mas a eletrodinâmica desses materiais difere da eletrodinâmica para o caso de ε e μ positivos.

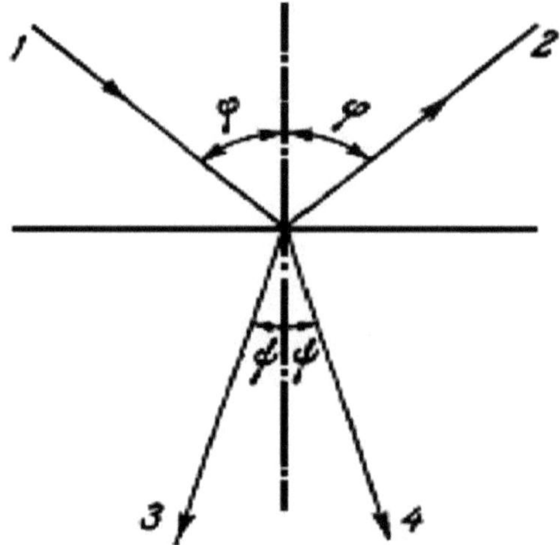

Fig. 3.1. Lei de Snellius para ε e μ positivos (trajetória 1-4) e para ε e μ negativos (trajetória 1-3).

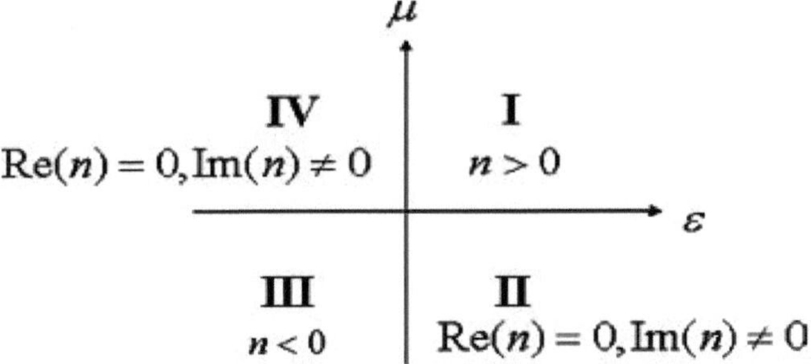

Fig 3.2: Todas as combinações possíveis de ε e μ.

3.3. <u>Fabrico de NIMs:</u>

O conceito experimental para fabricar materiais com permissividade negativa a frequências de micro-ondas a partir de fios metálicos foi proposto por Pendry e colaboradores em 1998 [131]. **[131]** Em 1999, o mesmo grupo **[132]** propôs tirar partido da resposta indutiva do movimento coletivo (ressonância) dos electrões em elementos condutores não magnéticos, os chamados ressoadores de anel dividido (SRR), para obter também uma permeabilidade negativa. Isto abriu o caminho para os NIMs. Atualmente, podemos distinguir dois tipos de materiais que exibem uma refração negativa: Os CMMs exibem simultaneamente permissividade negativa ($\varepsilon^{(/)}$<0) e permeabilidade ($\mu^{/}$ <0) dentro de uma certa gama de frequências. Os PhCs dieléctricos são compostos por materiais com $\varepsilon^{/}$ e $\mu^{/}$ positivos, mas exibem refração negativa devido a peculiaridades das caraterísticas de dispersão a algumas frequências.

Os CMM que consistem em conjuntos de osciladores LC concebidos artificialmente, montados em placas de circuitos electrónicos, capazes de interagir com campos electromagnéticos externos, foram realizados pela primeira vez para frequências da ordem dos 10 GHz (,≈3 cm) **[133].** São utilizados dois métodos de fabrico para a maioria dos MMCs que exibem propriedades NIM: (a) combinações de elementos condutores num substrato e (b) configurações de linhas de transmissão (LT). O fabrico de MMCs com um índice de refração negativo para propagação 1D **[129]** e 2D **[134,135]** foi relatado. Em primeiro lugar, os SRRs combinados com fios rectos foram fabricados utilizando circuitos de cobre impressos. A geometria muito específica dos SRRs é mostrada na Figura 3.3. As divisões nos anéis proporcionam ressonância a um comprimento de onda muito superior ao diâmetro do anel e o anel mais pequeno de orientação oposta no interior do maior proporciona uma grande capacitância. Quando muitos SRRs são orientados em três direcções diferentes no espaço e posicionados numa rede cúbica, obtém-se um metamaterial com uma permeabilidade efectiva ε_{eff}.

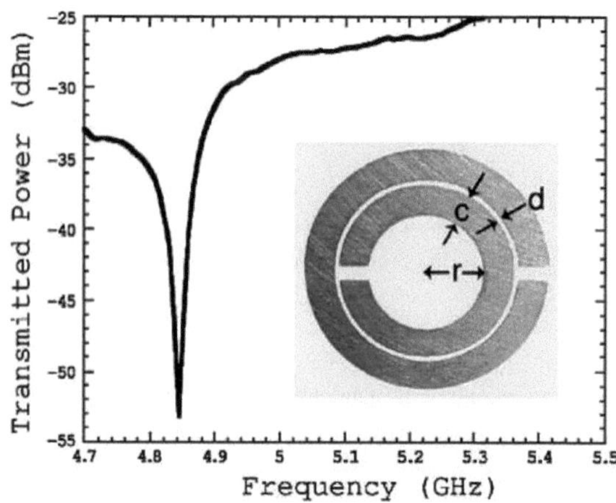

Fig. 3.3. Conceção e curva de ressonância de um ressoador de anel dividido (SRR) de copo individual para a construção de uma MMC 1D. Foi observada uma ressonância a≈4,845 GHz. Dimensões: c=058 mm, d=052 mm, r =155 mm. Reproduzido com autorização [**129**].

Paraε_{eff} obtém-se aproximadamente:[**132**]

$$\mu_{eff} = 1 - \frac{F\omega^2}{\omega^2 - \omega_0^2 - iw\Gamma}$$

(31)

Para obter um NIM, os SRRs são combinados com um meio de fio fino que fornece permissividade negativa. Para obter um MNI, os SRRs são combinados com um meio de fio fino que proporciona uma permissividade negativa. Para obter um MNI, os SRRs são combinados com um meio de fio fino que proporciona uma permissividade negativa. As medições de dispersão de micro-ondas foram efectuadas com uma matriz quadrada 2D de SRRs combinada com elementos de fio fabricados com um período de 5,0 mm utilizando materiais disponíveis no mercado. [**135**].

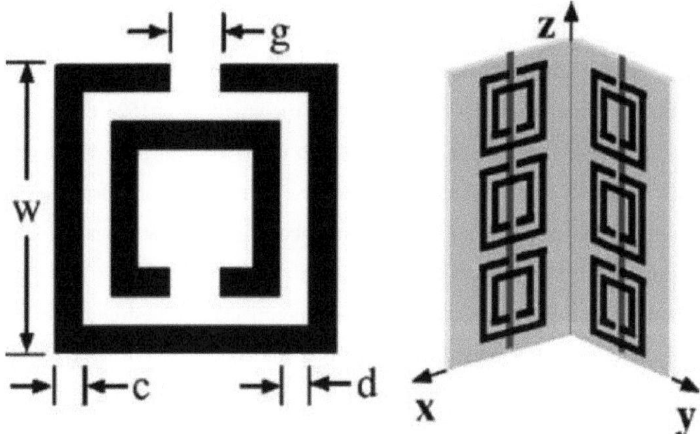

Fig 3.4. A célula unitária tem uma constante de rede de 5,0 mm e é constituída por 6 SRR de cobre e 2 tiras de fio de cobre (0,25 mm de espessura) montadas num substrato de fibra de vidro G10 de 0,25 mm de espessura. Os fios têm 1 cm de comprimento e estão localizados no outro lado do substrato. As placas do substrato formam um ângulo de 90^0 **[135].**

A refração negativa pode ser realizada também com cristais fotónicos (PhC) que - ao contrário dos CMMs - são meios não homogéneos com uma constante de rede comparável ao comprimento de onda. Embora tanto ε como μ sejam positivos nos PhCs dieléctricos, os fenómenos típicos de NIM de refração negativa e super-resolução podem ser esperados a partir de peculiaridades das caraterísticas de dispersão de certos PhCs. Atualmente, a principal vantagem dos PhCs em relação aos CMMs é o facto de poderem ser mais facilmente dimensionados para 3D e adaptados a frequências visíveis**[136].**

A refração negativa a frequências de micro-ondas foi observada em PhCs dieléctricas e metálicas, por exemplo, utilizando uma matriz quadrada de varetas de alumina no ar **[137].** As medições de transmissão confirmaram a refração negativa utilizando as interfaces do PhC na direção 1-M e indicaram a gama angular máxima de refração negativa a 13,7 GHz. Foram utilizadas PhCs 2D e 3D constituídas por varetas de alumina para a demonstração de NIM nas gamas de micro-ondas e de ondas milimétricas **[138].**

Neste estudo, foram utilizadas duas técnicas, a montagem manual de varetas de alumina e a fototipagem rápida, para fabricar PhCs de baixa perda, investigados na gama de ondas de 26 GHz a 60 GHz. A refração negativa foi demonstrada tanto em cálculos FDTD como em experiências de modo de transmissão numa rede 2D. A refração negativa num PhC metálico com uma rede hexagonal que actua como uma lente plana sem eixo ótico (lente de Pendry) a frequências de micro-ondas foi registada a 10,4 GHz para o modo TM **[136].**

Este cristal PhC consiste em barras cilíndricas de Cu com altura h=1526 cm e raio r= 0563 cm, com r/a=052 (a é a constante da rede) formando uma rede triangular. Além disso, tubos cilíndricos de Cu de altura h=60 cm e raio exterior r=0563 cm foram dispostos numa rede triangular com a mesma relação r/a de 0,2. Foi encontrada refração negativa tanto para a propagação em modo TM como em modo TE, entre 8,6 e 11 GHz (modo TM) e entre 6,4 e 9,8 GHz (modo TE). Foram obtidos resultados experimentais, de estrutura de banda e de simulações **[136,139]** que abrem caminho a uma variedade de estruturas de PhC bem adaptadas. As vantagens do PhC metálico são as constantes dieléctricas mais elevadas, a baixa atenuação e a possibilidade de focalização **[136].**

Um PhC interessante, constituído porAl_2O_3 varetas (constante dieléctrica ε'=9, raio 0,316 mm, altura 1,25 mm) numa rede quadrada com r/a=05175 e 0,35, foi fabricado para medições da velocidade de grupo de descida **[140].**

3.4. Aplicação de metameriais:

Foram sugeridos muitos conceitos de NIM, mas apenas alguns foram concretizados até à data. Uma das razões óbvias é a dificuldade de fabrico de materiais artificiais com homogeneidade suficiente. Os NIM actuais raramente atingem um rácio comprimento de onda/unidade de estrutura superior a 10:1. **[141]**

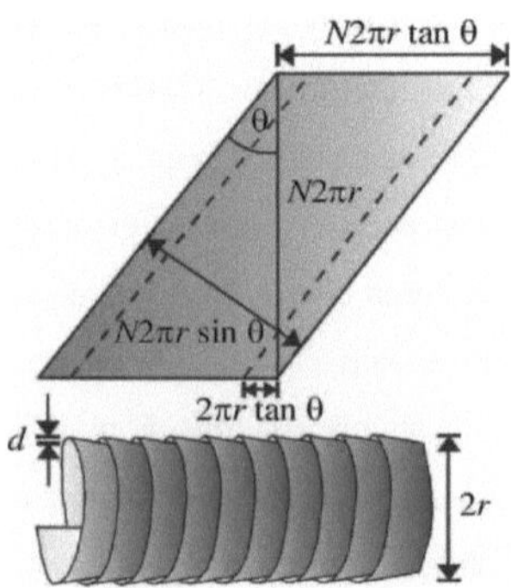

Fig 3.5. Possível conceção de uma estrutura quiral ressonante**[141].**

A introdução da quiralidade pode resultar na refração negativa de apenas uma polarização. Isto poderia simplificar a conceção do NIM e levar à extensão do campo de refração negativa [141]. [O exemplo de realização prática de uma estrutura quiral ressonante é apresentado na Figura 3.5. As lentes curvas plano-côncavas com índice de refração negativo na gama das micro-ondas foram concebidas utilizando os dois tipos de NIM estudados até à data: CMM e PhC. A lente CMM com geometria curva estava a funcionar a 14,7 GHz. Era constituída por fios metálicos e SRRs montados numa estrutura celular periódica (Fig. 4.1)

Foi registada uma boa concordância entre a simulação e a medição. O segundo exemplo de um estudo experimental de uma lente NIM é a obtenção de imagens de radiação de micro-ondas de campo distante utilizando um cristal fotónico dielétrico (PhC, Fig.3.4).

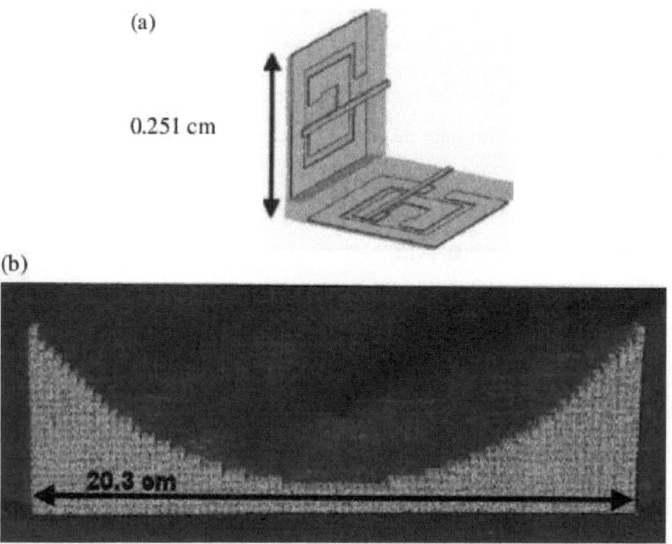

Fig.3.6. Lente de metamaterial compósito (MMC) funcionando como elemento ótico com índice de refração negativo. Disposição de 4 células ao longo de x e espessura variada ao longo de. A lente foi fabricada numa geometria cilíndrica.(a) Estrutura de células unitárias da lente.(b) Estrutura plano-côncava da lente construída a partir de células unitárias planas. A abertura da lente é de 20,3 cm e o raio de curvatura é de 12 cm **[112].**

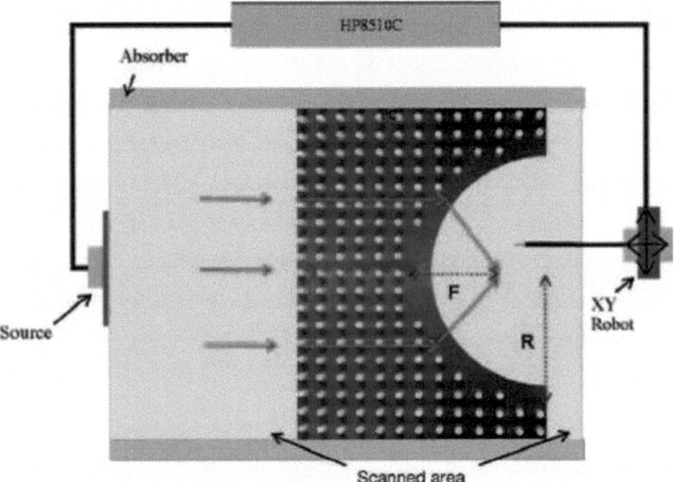

Fig. 3.7. Esquema do dispositivo de focagem de micro-ondas (lente plano-côncava) baseado em cristal fotónico (PhC). Um guia de ondas de banda X, utilizado como fonte de micro-ondas, foi mantido a uma distância de 150 cm da superfície plana da lente. O sensor foi montado num estágio de translação XY, fazendo a leitura da componente de campo elétrico da gama de micro-ondas relevante. **[113].**

O fabrico de NIMs a frequências ópticas depara-se com problemas básicos devido a dificuldades na seleção do material do ressoador.Foram sugeridas várias abordagens para resolver este problema **[114]**, entre as quais: (a) NIMs fótonicos compostos por ressonadores de anel dividido com nanodimensões **[115]**, (b) nanomateriais constituídos por partículas estreitamente empacotadas contendo um momento magnético induzido e exibindo ressonância multipolar de alta ordem **[116]**, (c) nano-inclusões em nanoesferas plasmónicas ressonantes, (d) finas camadas nanocristalinas exibindo ressonância plasmónica de superfície. É importante sublinhar que os efeitos de plasmões de superfície em finas camadas nanocristalinas de AgOx (15 nm) formadoras de imagem (abertura) já foram realizados com êxito em discos de estrutura de campo próximo de super-resolução (super-RENS).

3.5. Resumo

Neste capítulo é apresentada uma revisão da literatura sobre solitões discretos, ou seja, respiradores discretos clássicos. No final, os respiradores quânticos foram também descritos sob condições de fronteira periódicas e não periódicas, com uma menção sobre diferentes métodos de caraterização. A aplicação de respiradores discretos em diferentes perspectivas é também discutida.

4 Respiradores Clássicos em Metamateriais

4.1. Introdução.

A eletrodinâmica de substâncias com valores simultaneamente negativos de permissividade dieléctrica (ε) e permeabilidade magnética (μ) tem sido objeto de muito estudo, com interesse atual em possíveis aplicações tecnológicas [1]. Prevê-se que as substâncias com ε e μ negativos possuam um índice de refração negativo e, consequentemente, exibam uma variedade de propriedades ópticas não encontradas em materiais com índices positivos. No entanto, os materiais de índice negativo não ocorrem na natureza e só recentemente se demonstrou que podem ser fabricados artificialmente. A realização experimental de tais materiais foi demonstrada por Smith, et al [2] com base no trabalho teórico de Pendry et al [3, 4]. Smith et al. criaram um tipo de "metamaterial" (MM) como uma estrutura artificial com propriedades de refração negativas. A estrutura é constituída por fios metálicos responsáveis pela permissividade negativa e por "ressonadores de anel dividido" (SRR) metálicos responsáveis pela permeabilidade negativa. Em particular, ao contrário dos materiais naturais, os MMs projectados apresentam uma resposta magnética relativamente grande a frequências THz. Isto, em combinação com a sua permissividade negativa nos THz, é responsável por um índice negativo efetivo nesta gama de frequências.

Do ponto de vista teórico, foi demonstrado que os SRR lineares e não lineares são descritos por circuitos equivalentes de resistência-indutor-capacitor (RLC) [5, 6] com uma auto-indutância L do anel, uma resistência óhmica R do anel e uma capacitância C da divisão no anel. Os MMs com propriedades refractivas negativas são então formados como um conjunto periódico de SRR que são acoplados por indutância mútua e dispostos num material de constante dieléctrica ε . Do ponto de vista experimental, os requisitos para a aplicação electromagnética eficaz de metamateriais na região THz introduzem a necessidade de uma precisão muito elevada no fabrico de MMs baseados em SRR para produzir materiais com propriedades uniformes e consistentes. É feita uma breve descrição da teoria básica da ótica para mostrar a condição necessária para que os metamateriais possam ser concebidos numa antena com ressonador de anel dividido (SRR). A localização é um aspeto importante para uma variedade de dispositivos no vasto domínio da física aplicada . Desempenha um papel crucial na qualificação e quantificação das operações de um sistema. A extensão da localização no regime quântico assume maior importância para materiais de estrutura muito pequena, por exemplo, para dispositivos nano-estruturados.

4.2. Estrutura do ressoador de anel dividido

A estrutura de um ressoador de anel único baseado num "metamaterial" (MM), ou seja, uma estrutura artificial constituída por fios metálicos responsáveis pela permissividade negativa, é apresentada na Fig. 4.1. Os SRR podem ter diferentes formas. As propriedades ópticas e eléctricas de um metamaterial podem ser aproveitadas através da utilização adequada de SRRs, que têm aplicação em antenas. No entanto, é necessária uma precisão muito elevada para o fabrico de SRRs. Ao contrário dos materiais naturais, os MMs também apresentam uma resposta magnética relativamente grande à frequência THz e, por conseguinte, a sua aplicação THz assume maior importância. Basicamente, nos materiais normais, o vetor de onda e o vetor de apontamento são paralelos, ao passo que nas MMs são antiparalelos

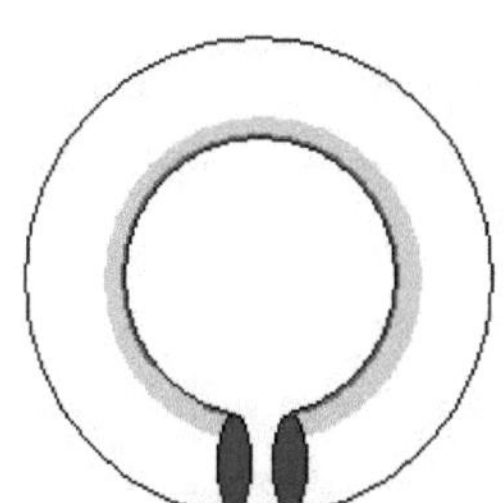

Fig 4.1 Montagem típica do SRR

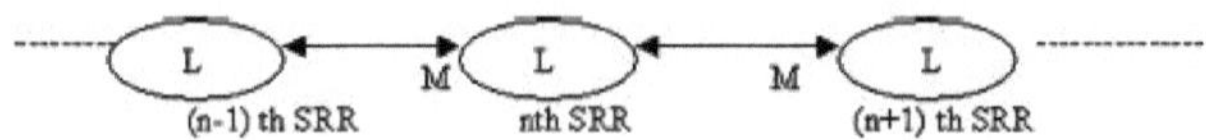

Fig 4.2 Três ressonadores de anel dividido adjacentes

4.3 Descrições teóricas.

Um conjunto de SRRs torna-se não linear devido a um dielétrico de Kerr que preenche as fendas dos SRRs, cuja permissividade " é da forma

$$\varepsilon\left(\left|\mathbf{E}^2\right|\right)=\varepsilon_0\left(\varepsilon_1+\alpha\frac{\left|\mathbf{E}^2\right|}{\mathbf{E}_c^2}\right), \quad (1)$$

em que E é o campo elétrico, Ec é um campo elétrico caraterístico (grande), εl é a permissividade linear, *ε0* é a permissividade do vácuo e α = +1 (-1) representa a descontinuidade de autofocagem (autodefocagem). Como resultado, os SRRs adquirem uma capacitância dependente do campo como

$$C\left(\left|E^2\right|\right)=\varepsilon\left(\left|E_g\right|^2\right)A/d_g \quad (2)$$

em que A é a área da secção transversal do fio dos SRR, Eg é o campo elétrico induzido ao longo da fenda dos SRR e *dg* é a dimensão da fenda. A origem de Eg pode ser devida aos componentes magnéticos e/ou eléctricos do campo EM aplicado, dependendo da orientação relativa desse campo em relação ao plano dos SRRs e às fendas [1].

A seguir, assumimos que, para qualquer configuração de matriz e número de dimensões, a componente magnética do campo EM incidente é sempre perpendicular ao plano dos SRRs e que a componente eléctrica do campo EM incidente é transversal à fenda. Assim, apenas a componente magnética excita uma força eletromotriz (FEM) nos SRRs, resultando numa corrente oscilante em cada circuito dos SRRs e no desenvolvimento correspondente de uma diferença de tensão oscilante U através das fendas ou, de forma equivalente, de um campo elétrico oscilante Eg nas fendas. No entanto, acrescentámos um campo magnético ao Hamiltoniano por uma questão de generalização [1]. Se Q for a carga armazenada no condensador de um SRR, então, a partir da relação geral de uma capacitância dependente da tensão, *C (U)= dQ/dU* , e da equação (1), obtém-se

$$Q=C_1\left(1+\alpha\frac{U^2}{3\varepsilon_l U_c^2}\right)U, \quad (3)$$

onde U= dg Eg, Cl = ε0εl(A/dg) é a capacitância linear, e Uc = $dg\ EC$. Suponhamos que as matrizes são colocadas num campo magnético variável no tempo mas espacialmente uniforme: H= H0 cos(ωt). Existe então uma frequência de ressonância (ωl) para o circuito, que (para uma resistência muito pequena) é dada por

$\omega_1 = \frac{1}{\sqrt{LC_1}}$. A carga não-dimensional e o tempo= t são introduzidos por uma questão de simplicidade, em que Qc = ClUc.

Consideremos uma matriz 1D discreta e periódica de SRRs não lineares idênticos, que consiste na realização mais simples de um MM numa dimensão. Em uma dimensão, os SRRs formam uma matriz linear com seus centros separados por uma distância d. Cada um dos SRRs tem auto-indutância L e indutância mútua M. No entanto, um modelo otimizado orientado para o dispositivo pode ser considerado para a aplicação de matriz de antena com valores variáveis *de* L e M. Como foi feito por Lazarides e colaboradores [13, 14], o Hamiltoniano de tal sistema é dado por

$$H = \sum_n [\frac{1}{2} q_n^2 - \lambda q_n q_{n+1} + V(q_n)] \qquad (4)$$

onde $dqn/dt0$ = $\dot{q}n$= in, λ = M/L (parâmetro de acoplamento); Vn= $\int_0^{q_n} f(q'_n)dq'_n$ é o potencial não linear no local, e após truncamento, este é expresso como: $f(q_n) \approx q_n - \left(\frac{\alpha}{3\varepsilon_l}\right) q_n^3$. Com um campo magnético H e magnetização σ de cada SRR, o Hamiltoniano é modificado como

$$H = \sum_n [\frac{1}{2} q_n^2 - \lambda q_n q_{n+1} + V(q_n)] - \sigma H \qquad (5)$$

Agora, como B= μ0$(H$+ σ), podemos escrever

$$H = \sum_n [\frac{1}{2} q_n^2 - \lambda q_n q_{n+1} + V(q_n)] - \sigma\left(\frac{B}{\mu_0} - \sigma\right) \qquad (6)$$

A magnetização _ de MM, como foi feito por Shadrivov e colaboradores [16, 17], é dada por

$$\sigma = \frac{n_m}{2c} \Pi a_r^2 i \frac{B}{|B|} = \eta i \frac{B}{|B|} = \eta q \frac{B}{|B|} \qquad (7)$$

onde $\eta = \frac{n_m}{2c}\Pi a_r^2$ é uma constante para um determinado sistema, c é a velocidade da luz, ar é o raio do SRR, i é a corrente no SRR e nm é a concentração de SRRs. Portanto, depois de colocar o valor de σ, obtemos

$$H = \sum_n [\frac{1}{2}q_n^2 - \lambda q_n q_{n+1} + V(q_n) - \eta q_n \frac{B}{|B|}\left(\frac{B}{\mu_0} - \eta q_n \frac{B}{|B|}\right)] \tag{8}$$

$$H = \sum_n \left[\frac{1}{2}q_n^2 - \lambda q_n q_{n+1} + V(q_n) - \frac{\eta q_n}{\mu_0}|B| + \eta^2 q_n^2\right] \tag{9}$$

$$H = \sum_n \left[\left(-\frac{1}{2} + \eta^2)-\right)q_n^2 - \lambda q_n q_{n+1} - \frac{\eta q_n}{\mu_0}|B| + V(q_n)\right] \tag{10}$$

$$L = \sum_n \left[\left(-\frac{1}{2} + \eta^2)-\right)q_n^2 - \lambda q_n q_{n+1} - \frac{\eta q_n}{\mu_0}|B| + V(q_n)\right] \tag{11}$$

A partir do Lagrangiano acima (equação (11)), usando a equação de Euler-Lagrange, a equação governante na *direção x* é derivada aqui para mostrar a dinâmica K-G equação como [1]

$$\frac{\partial^2 q}{\partial \tau^2} - ab\frac{\partial^2 q}{\partial x^2} + b\left[q - \frac{\infty}{3\varepsilon_l}q^3\right] - b\Lambda\Omega\sin(\Omega\tau) + \gamma\frac{\partial q}{\partial \tau} = 0 \tag{12}$$

a= λr /(1 + 2λr) e b = 1/(1 + 2λr); λr é uma constante de interação ou acoplamento no sistema SRR numa rede K-G [1].

Para efetuar a análise de estabilidade, tal como foi feito nos sistemas não lineares, diferenciámos a equação K-G para diferentes casos, tal como foi feito por Bandyopadhyay *et al* [19, 20]. A solução do solitão de tipo escuro é dada por

$$q = \pm \tanh(\theta_1) \tag{13}$$

em que a transformação de variáveis é efectuada por

$$\theta_1 = \frac{x' - V\tau\sqrt{ab}}{\sqrt{2a\sqrt{1-V^2}}}$$

e V é uma componente da velocidade do solitão. A solução do solitão de tipo brilhante é dada por

$$q = \pm\sqrt{2}\sec h(\theta_2) \quad (14)$$

em que outra transformação de variável é efectuada por

$$\theta_2 = \frac{x' - \sqrt{ab}V\tau}{\sqrt{a\sqrt{V^2 - 1}}}$$

Em seguida, vamos falar sobre o método adotado neste trabalho para os respiradores clássicos [25]. De entre todos os métodos conhecidos de simulação numérica, utilizamos o mais versátil método de colocação espetral para analisar os respiradores no nosso sistema de MMs, utilizando a equação K-G. Este método não é apenas a mais recente técnica numérica com facilidade de implementação, mas também dá origem a um mínimo de erros na análise. Espectral

são uma classe de discretização espacial para equações diferenciais. Os componentes chave para a sua formulação são as funções de julgamento e as funções de teste [43]. Nesta situação, a equação não linear discreta de K-G é dada por

$$\frac{\partial^2 q_i}{\partial\tau^2} - ab\frac{\partial^2 q_i}{\partial x^2} + b\left[q_i - \frac{\alpha}{3\varepsilon_1}q_i^3\right] - b\wedge\Omega\sin(\Omega\tau) + \gamma\frac{\partial q_i}{\partial\tau} = 0 \quad (15)$$

Aqui, *qi* é a polarização do i-ésimo domínio e *ab* denota o parâmetro de interação ou de acoplamento que incorpora o termo de distância da rede. Para preparar a equação para a solução numérica, introduzimos a variável auxiliar $Q_i = q_i = \frac{\partial q_i}{\partial\tau}$. Isto reduz a equação de segunda ordem (15) ao sistema de primeira ordem:

$$\dot{q} = Q \quad (16)$$

$$\dot{Q} = abDq - \gamma Q + b\left[q - \frac{\alpha}{3\varepsilon_l}q^3\right] + b\wedge\Omega\sin(\Omega\tau) \quad (17)$$

Os vectores q e Q representam a amplitude das ondas MI e a sua derivada temporal nos domínios dispostos ao longo do *eixo x*, e o termo $b\left[q - \frac{\alpha}{3\varepsilon_l}q^3\right]$ deve ser interpretado como um vetor não linear cuja i-ésima componente é $b\left[q_i - \frac{\alpha}{3\varepsilon_l}q_i^3\right]$, em que os coeficientes da parte anarmónica são muito importantes para decidir a formulação das BD. O domínio de interesse para a equação de K-G é tipicamente a linha real $x \in (-\infty, \infty)$. Agora, tendo selecionado uma matriz de bandas D apropriada [44], resta resolver o nosso sistema de equações diferenciais de primeira ordem que pode ser escrito como

$$\begin{pmatrix} \overset{\bullet}{q} \\ \overset{\bullet}{Q} \end{pmatrix} = \begin{pmatrix} I & 0 \\ -\gamma & abD \end{pmatrix} \begin{pmatrix} Q \\ q \end{pmatrix} + b \begin{pmatrix} 0 \\ \left(q - \frac{\alpha}{3\varepsilon_1} q^3 \right) \end{pmatrix} + \begin{pmatrix} 0 \\ U \end{pmatrix} b\Lambda\Omega \sin(\Omega\tau) \tag{18}$$

Aqui, U é um vetor coluna cujos elementos são iguais à unidade. Utilizámos o conhecido método de Runge-Kutta de quarta ordem para o sistema (18). Na secção 3.1, consideramos os BDs sujeitos a perdas devido ao amortecimento e sem força motriz externa, ou seja, para BDs dissipativas. De seguida, vamos lidar com os QBs em termos de parâmetros TPBS numa condição de fronteira periódica.

4.4 Resultados e discussão.

De um ponto de vista teórico, foi derivada uma equação K-G não linear baseada no Hamiltoniano para MMs baseados em SRR. Assim, é interessante estudar o comportamento do sistema sob diferentes condições em diferentes valores do tempo não-dimensional, de acordo com as equações (13) e (14). Um padrão de onda gaussiano foi tomado como condição inicial durante a resolução da equação

equação diferencial parcial. Tomamos t r = 0 como A, t r = 10 como B, t r = 20 como C e t r = 30 como D. Com amortecimento nulo (γ = 0) e menor acoplamento (λ = 0,05) com a condição de descontinuidade de focalização (α = +1), diferentes ondas com bissoluções em tempo mais elevado. No entanto, no caso da descontinuidade de desfocalização (α = -1), para amortecimento não nulo (γ = 0,01) e menor acoplamento (λ = 0,05), as ondas tendem a apresentar um comportamento bissolitário em tempos mais elevados. Para a rede K-G, no tempo mais elevado do nosso estudo numérico, esta apresenta sempre um comportamento bissolitário na descontinuidade de desfocalização. Estes bissólitos podem surgir devido ao mecanismo de modulação de fase cruzada e/ou ao mecanismo de formação de solitões vectoriais, que é atribuído principalmente aos correspondentes valores próprios da equação, tal como proposto por vários autores [45, 46].

Observa-se um comportamento complexo em todas as figuras sob simulação, o que parece ser uma condição promissora para controlar a natureza do comportamento solitónico em tais materiais. Por exemplo, B segue sempre a sequência de solitões simples e bissolitões na focagem e desfocagem

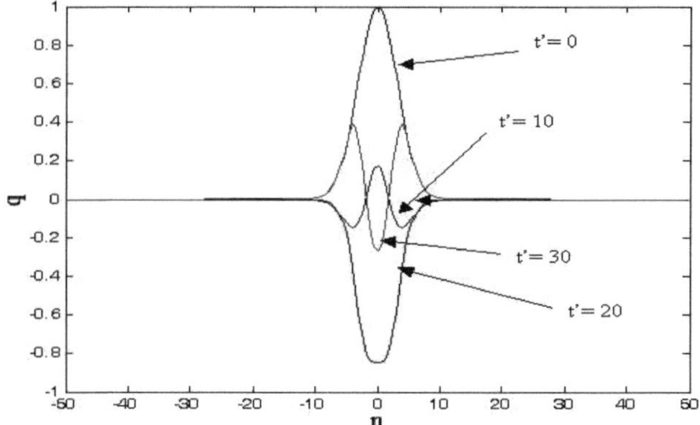

Fig 4.3. Diagrama de carga para $\gamma = 0,01$, $\lambda = 0,05$, $\alpha = -1$.

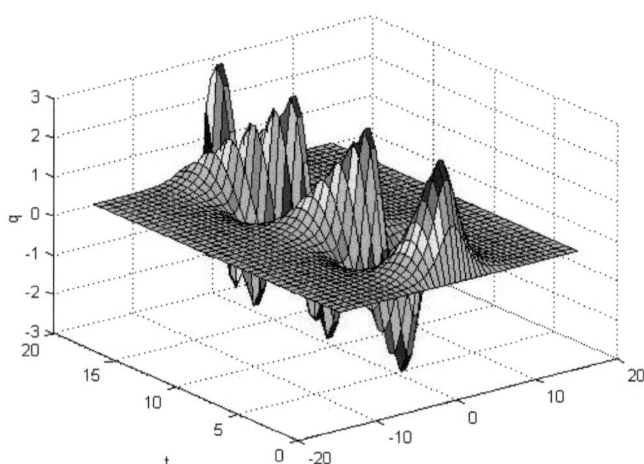

Fig. 4.4. Respiros dissipativos para $\lambda = 0,05$, $\varepsilon l = 2$ e $\gamma = 0$. Observam-se respiros simétricos sem qualquer amortecimento.

condições, respetivamente. Um aspeto mais importante observado para B é que este apresenta sempre um comportamento solitónico escuro. Por outro lado, para D, os solitões claros e escuros são observados sequencialmente nas condições de focagem e desfocagem, respetivamente, até um certo ponto ($\gamma = 0,08$) e, a partir daí, apresenta solitões escuros continuamente. C começa a mostrar solitões bisolitónicos após o amortecimento começar a aumentar no sistema. O aparecimento de multi-sólitos através do controlo de vários parâmetros foi demonstrado por vários autores em investigações interessantes com soluções numéricas [45, 46].

Nos MMs baseados em SRR, os resultados acima foram apresentados para caraterísticas 2D de solitões. Embora Lazarides e colaboradores [13, 14] e outros tenham mostrado imagens 3D de respiradores clássicos, estes foram baseados no formalismo NLSE. No entanto, derivámos uma equação K-G não linear [1], onde o acoplamento entre diferentes elementos SRR pode ser importante. Utilizando o método de colocação espetral, é interessante ter uma visão geral dos respiradores K-G em imagens 3D. Com

$\varepsilon l = 2{,}0$, $\lambda = 0{,}05$, os respiros clássicos são mostrados para $\gamma = 0$ na figura 4.3 e o para $\gamma = 0{,}20$ é mostrado na figura 4.4. Vê-se na figura 4.3 que os respiradores são simétricos, enquanto o efeito

de amortecimento é visível, em certa medida, na figura 4.4, onde é aplicado um valor relativamente elevado de amortecimento. Deve ser

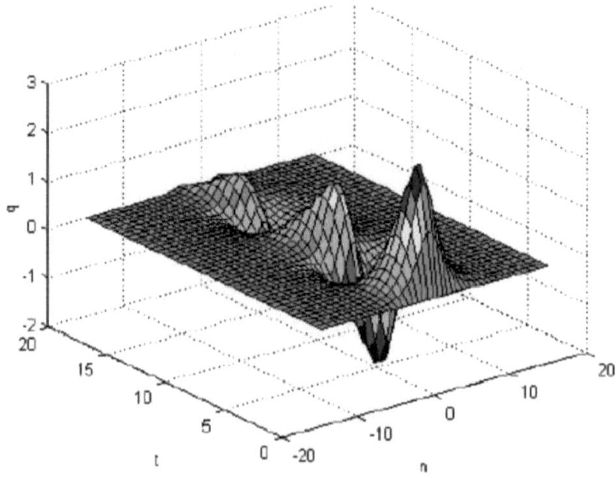

Fig 4.5. Respiros dissipativos para $\lambda = 0{,}05$, $\varepsilon l = 2$ e $\gamma = 0{,}20$.

O efeito do amortecimento não é apreciável mesmo com um valor tão elevado o que significa que um valor de amortecimento até 0,18 não perturba o perfil do respirador de forma significativa e, a partir de um valor de 0,20, começa a mostrar o seu efeito. Nas MMs, o amortecimento não é geralmente considerado muito elevado [1], pelo que as oscilações do respirador podem ser consideradas estáveis. Comparando estas caraterísticas com as de outros materiais ópticos não lineares, como os ferroeléctricos de niobato de lítio, nota-se que a dissipação dos respiradores com amortecimento foi relativamente mais pronunciada nesses sistemas [25] do que a observada nas MMs.

As perdas de energia previstas na equação (12) dependem do sistema escolhido para estudo e podem ser tidas em conta na conceção de um sistema construído para a observação de vários modos. De acordo com as considerações sobre as perdas numa série de diferentes concepções de sistemas SRR, as perdas resistivas, em geral, dominam as perdas radiativas nos MMs. Isto deve-se ao facto de estes materiais serem concebidos para funcionar em comprimentos de onda muito superiores aos raios dos SRR. O valor de γ nos estudos anteriores, incluindo tanto os pequenos efeitos radiativos como os maiores efeitos resistivos, variou de 0,01 a 0,0016 e estes são essencialmente pequenos efeitos [18, 47].

4.5. Conclusão

Utilizando a equação de movimento de Euler-Lagrange, o presente estudo da evolução da carga no tempo e no espaço dá origem à equação não linear de K-G, tendo em conta a excitação da fem, a resistência, o acoplamento entre as matrizes vizinhas e a permissividade linear. Esta equação dá origem a uma solução de solitões em termos de solitões escuros e brilhantes. São apresentadas soluções numéricas para solitões simples e bisolitões com descontinuidade de focagem e desfocagem em diferentes valores de tempo não-dimensional. Os respiradores clássicos são também apresentados numa vista global em 3D que não mostra grande sensibilidade a um maior amortecimento, ou melhor, as oscilações dos respiradores parecem ser bastante estáveis até um amortecimento relativamente elevado
(~ 0.20).

Respiradores Quânticos dentro do Periódico

Condição de fronteira

5.1. Introdução.

Em vários domínios da física do estado sólido, temos observado um aumento recente na investigação teórica e experimental sobre ótica não linear, em particular sobre respiradores discretos (DBs) que dependem novamente tanto da descontinuidade como da discretização da rede. Para os QBs, é importante considerar informação detalhada sobre os fónons e o seu conceito de estado limite, que é sensível ao grau de descontinuidade. A ramificação do estado QB a partir do continuum de um único fão é bastante notável em sistemas não lineares com defeitos de carga [31]. Consideremos que os fónons de uma sub-rede podem saltar de um domínio para outro domínio adjacente. Este salto pode ter algumas consequências para a alteração da não linearidade; assim, pode ser elaborada uma relação para a "força de salto". A relação é determinada através da determinação do intervalo de energia dos fões no espetro de eigens, analisando o estado QB [32, 33]. Embora o papel da não linearidade seja ainda uma questão discutível, à temperatura ambiente há muito poucos fónons e, por isso, investigámos apenas o estado ligado de dois fónons (TPBS). Este pode ser realizado experimentalmente através de uma experiência de dispersão Raman semelhante à de Santori e Beausoleil [34]. A evidência de tais TPBSs foi demonstrada por um trabalho interessante de Cohen e Ruvalds [35]. Além disso, Brennan e Nelson [36] trabalharam em vibrações anarmónicas em ferroeléctricos por dispersão Raman estimulada impulsiva.

5.2 Descrições teóricas.

O Hamiltoniano da equação (4) pode ser escrito de uma forma generalizada como se segue:

$$H=\frac{1}{2m}\sum_{i=1}^{N}p_i^2+\sum_{i=1}^{N}\left[-\frac{bq_i^2}{2}+\frac{b\alpha q_i^4}{12\varepsilon_1}\right]+\sum_{i=1}^{N}\left[\frac{ab}{4}(qi-qi-1)^2\right] \quad (19)$$

onde *pi* é o momento, e os outros termos já foram descritos acima [1]. A equação (19) fornece um tratamento geral da dinâmica dos modos na matriz, particularmente para os modos que estão fortemente localizados num pequeno número de domínios da matriz. Para modos estendidos e modos que estão localizados e variam lentamente num grande número de domínios consecutivos, o Hamiltoniano discreto (equação (19)) pode ser dividido da seguinte forma:

$$\widetilde{H} = H_0 + H_1 \tag{20}$$

Onde

$$H_0 = \sum_i \frac{p_i^2}{2} - \frac{b(1-a)q_i^2}{2} + \frac{b\alpha q_i^4}{12\varepsilon_1} \tag{21}$$

$$H_1 = -\frac{ab}{2}\sum_i q_i q_{i-1} \tag{22}$$

Em seguida, pode escrever-se uma "base" geral para *n* partículas ou *n* níveis anarmónicos. A análise numérica foi realizada com o método Hamiltoniano de grelha de Fourier [33] com 1000 grelhas e espaçamento de 0,006 para calcular vários valores e vectores próprios. Restringimo-nos a dois estados fónicos, uma vez que à temperatura de trabalho o número de fões é menor. Para reduzir a necessidade de memória do computador, tiramos partido da invariância translacional através da formulação periódica da onda de Bloch, tal como descrito em [31, 33]. Para o caso de dois fónons com hopping, os coeficientes de hopping não nulos (*Dmn*) são *D01* = D10, *D12* = *D21*. O intervalo de energia entre o continuum de um só fão e um estado ligado é dado por

$$E_g = E_2 - E_0 - 2(E_1 - E_0) \tag{23}$$

onde *E0*, *E1* e *E2* são três valores próprios em diferentes pontos do vetor de onda (*k*) que é calculado a partir do nosso cálculo para gerar a curva *E*(*k*) versus *k*, que dá a assinatura de QBs em termos de TPBS. A largura do fonon único no espetro de eigens é dada pela magnitude de *4σ* onde *σ* é expresso como

$$\sigma = -\frac{ab}{2}D_{01}^2 \tag{24}$$

em que *D01* representa o coeficiente de geração de fão zero a fão único. A variação da largura do espetro de um único fão (Wph) representa (através de *D01* = *D10*) a criação de um novo fão ou a aniquilação de um fão existente. Mais uma vez, o coeficiente de salto para que um único fão se torne um TPBS é dado por

$$\mu = -\frac{ab}{2} D_{01} D_{12} = -\frac{ab}{2} D_{10} D_{21} \tag{25}$$

Todos os cálculos acima foram efectuados para 51 sítios ou domínios e λ = 10. Poderiam ser utilizados mais pontos de dados no nosso

Tabela 1. Valores dos parâmetros TPBS (em eV) para diferentes valores de acoplamento.

Coupling	E_g	W_{ph}	$\|\mu\|$
0.001	2.002	0.000 334	0.000 051
0.010	2.015	0.001 670	0.000 52
0.050	1.970	0.004 290	0.002 60
0.500	0.740	0.104 000	0.031 995

A simulação atual, mas aqui o nosso foco principal é o estudo do comportamento crítico induzido pela descontinuidade do movimento DB e a sua origem quântica. Para tratar o problema analiticamente, recorremos ao método da segunda quantização. Ao quantizar o Hamiltoniano na equação (19) numa forma quantizada conservadora de números com $N \to \infty$ [32] com $\lambda 1 \frac{\lambda}{(\lambda-\alpha)}, \eta = \frac{2\alpha}{(\lambda-\alpha)}$ e $E = 0$ na equação (19) leva à equação para as amplitudes de dois fônons como

$$\hat{H} = \sum_n a_n^+ a_n + \frac{3}{8}\eta a_n^{+2} a_n^2 + \frac{\lambda_1}{2}\{a_n^+(a_{n+1} + a_{n-1}) + h.c.\} \tag{26}$$

Onde a_n^+ e *an* são os operadores de criação e aniquilação e h.c. é o conjugado hermitiano; os termos η e $\lambda 1$ já foram definidos acima.

Para um quase-momento total fixo *K*, o valor crítico do parâmetro de interação pode ser calculado se

$$\frac{E_V - 1}{\lambda_1 \cos\frac{KR}{2}} \geq 1 \tag{27}$$

Aqui *R* é um parâmetro da rede e *EV* é o valor próprio que representa o estado ligado. Agora, para o estado ligado, *m*= n, e a energia do estado ligado (*EBS*) é derivada como

$$E_{BS} = 1 + \frac{3\eta}{8} - 4\lambda_1 \cos\frac{KR}{2} \qquad (28)$$

Substituindo os valores de η e $\lambda 1$ e tomando o valor próprio como igual à energia do estado ligado e o termo cosseno como igual a 1, obtemos o valor crítico de a (que tem uma relação com a constante de interação) como

$$a \leq 2(1 - E_{BS}) \qquad (29)$$

Os resultados do cálculo de vários parâmetros TPBS para MMs são apresentados na tabela 1 e a sua variação com o acoplamento é apresentada na secção 4.3. De seguida, vamos tratar da abordagem da condição de fronteira não periódica para QBs.

5.3 Resultados e discussão.

Começamos por mostrar um eigenspectrum típico do TPBS utilizando o método Hamiltoniano da grelha de Fourier, tal como descrito em [31, 33] para uma condição de fronteira periódica. Para um valor muito baixo da constante dieléctrica linear de 0,002, com uma descontinuidade de focalização $\alpha = +1$ e um valor de acoplamento $\lambda = 0,05$, observa-se na figura 5.1 que um contínuo de estados para uma única partícula com
uma banda QB também pode ser observada. A ramificação de TPBS (i.e. uma assinatura de QB) é bastante notável em sistemas não lineares com defeitos de carga [31]. Deve ser mencionado que a formação de QB é muito sensível até $\lambda = 0.05$, e depois disso, todos os parâmetros TPBS mostram uma mudança apreciável, como revelado pelas nossas experiências numéricas. A figura 5.2 apresenta um outro espetro de eigen com um valor de ordem de grandeza superior a $\lambda = 0,5$. A comparação da figura 5.1 com a figura 5.2 mostra claramente o efeito do acoplamento. Este facto leva-nos a calcular diferentes parâmetros TPBS.

Isto também nos leva ao foco principal deste trabalho. O termo de salto para os fonões foi calculado no modelo

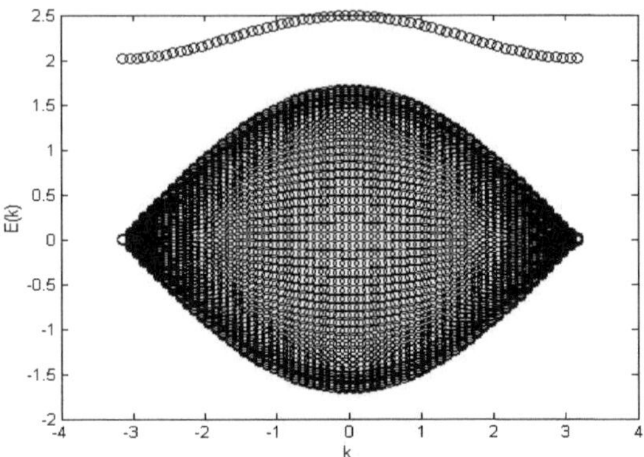

Fig. 5.1 Eigenspectrum para $\lambda = 0,05$, $\varepsilon l = 0,002$ e $\alpha = +1$. O contínuo representa contínuos de um só fão, e a banda QB ou TPBS está no ramo superior do espetro.

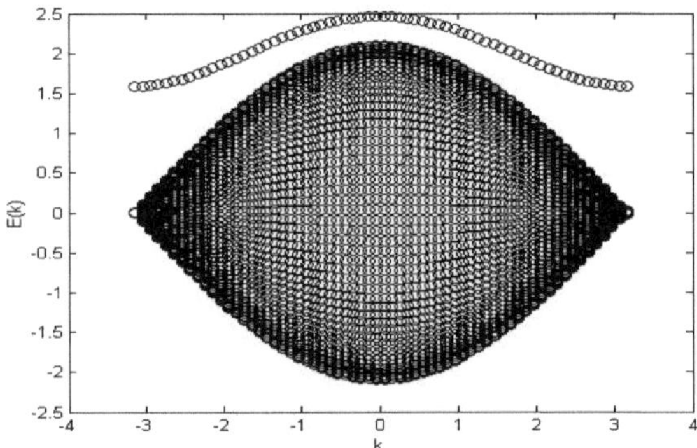

Fig. 5.2. Eigenspectrum para $\lambda = 0,5$, $\varepsilon l = 0,002$ e $\alpha = +1$. Os mesmos contínuos de fão único e a banda QB ou TPBS no ramo superior do espetro são claramente observados com o efeito de um aumento do acoplamento no sistema SRR.

para vários valores de λ entre os osciladores não lineares (i.e. elementos SRR) contra diferentes valores de acoplamento. Começamos com um valor muito pequeno de 0,001 e depois aumentamo-lo em 2,5 ordens de grandeza até 0,5. Todos estes valores estão tabelados na tabela 1. Esta tabela poderia explicar o papel do acoplamento, em vez dos números. Em primeiro lugar, o intervalo de energia (Eg) é calculado a partir da equação (23), como mostra a segunda coluna desta tabela. Verifica-se que o intervalo de energia não diminui muito até 0,05 e depois diminui significativamente para um valor mais elevado de 0,5. Obviamente, a energia de salto (Wph), de acordo com a equação (24), e o coeficiente de salto (μ), de acordo com a equação (25), mostram a tendência oposta (ver a terceira e quarta colunas, respetivamente, na tabela 1). Ambos os parâmetros aumentam significativamente no sentido de um maior acoplamento, tornando a formação de QB relativamente mais difícil. Para os parâmetros TPBS sob a abordagem de condições de fronteira periódicas, este comportamento das propriedades de micro-nível pode ser considerado bastante significativo para futuras aplicações. Este facto parece corroborar os nossos cálculos quânticos

5.4. Conclusão

Para QBs em MMs, numa abordagem de condições de fronteira periódicas, a segunda quantização com operadores bosónicos dá origem a alguns valores de parâmetros TPBS contra o acoplamento dentro do sistema SRR. Este esforço mostra que, após valores mais pequenos de acoplamento, a formação de QBs parece ser relativamente difícil, aumentando assim tanto a energia de salto de um só fão como o coeficiente de salto.

6 Respiradores quânticos em condições de fronteira não periódicas

6.1. Introdução

A localização num sistema é atribuída quer à sua desordem quer à sua descontinuidade [23, 24]. Como a descontinuidade surge em tais materiais devido ao meio não linear de Kerr, ela também poderia dar origem à localização, possivelmente com o acoplamento dentro do sistema SRR que é incorporado no Hamiltoniano discreto [13, 14]. Os domínios neste sistema são descritos por uma solução de solitões, ou seja, ondas viajantes localizadas não lineares que são robustas e se propagam sem mudança de forma. Por outro lado, as BDs são soluções discretas, periódicas no tempo e localizadas no espaço e cujas frequências se estendem para além do espetro de fões [22-24]. Isto também pode ser descrito pelo nosso Hamiltoniano discreto [19, 21]. Depois de discutirmos as BDs, vejamos agora as QBs.

Nesta nova abordagem para a caraterização de BDs ou respiradores clássicos [25], o sistema em massa foi a ferramenta correta, mas quando estamos a lidar com sistemas mais pequenos, temos de usar uma ferramenta de estudo diferente, ou seja, a física quântica, o que nos leva aos QBs [26, 27]. Uma vez geradas, as QBs modificam as propriedades do sistema, como a termodinâmica da rede, e introduzem a possibilidade de transporte não dispersivo de energia, como geralmente descrito para as BDs [28]. O estudo das QBs assume especial importância devido à sua possível aplicação no domínio da computação quântica. Para citar alguns exemplos, Quach *et al* [29] estudaram MMs reconfiguráveis e Rakhmanov *et al* [30] estudaram o parafuso de Arquimedes quântico para a eletrónica supercondutora usando MMs, e muitos outros estudaram-nas para aplicações desde a medicina até à indústria aeroespacial. Existem muitas outras aplicações, tal como indicado em [31]. Tal como salientado por Zheludev [12], os sistemas de efeito quântico através da via das MMs trarão uma série de aplicações interessantes no futuro.

Para os QBs, é importante considerar informação detalhada sobre os fónons e o seu conceito de estado ligado, que é sensível ao grau de descontinuidade. A ramificação do estado QB a partir do continuum de um único fão é bastante notável em sistemas não lineares com defeitos de carga [31]. Consideremos que os fões de uma sub-rede podem saltar de um domínio para outro domínio adjacente. Este salto pode ter algumas consequências para a alteração da descontinuidade; assim, pode ser elaborada uma relação para a "força de salto". A relação é determinada através da determinação do intervalo de energia dos fões no espetro de eigens, analisando o estado QB [32, 33]. Embora o papel da descontinuidade seja ainda uma questão discutível, a cerca de

temperatura ambiente, há muito poucos fónons e, por isso, investigámos apenas o estado limite de dois fónons (TPBS). Este pode ser realizado experimentalmente através de uma experiência de dispersão Raman semelhante à de Santori e Beausoleil [34]. A evidência de tais TPBSs foi demonstrada por um trabalho interessante de Cohen e Ruvalds [35]. Além disso, Brennan e Nelson [36] trabalharam em vibrações anarmónicas em ferroeléctricos por espalhamento Raman estimulado impulsivo.

Sabe-se que o "acoplamento" pode ser alterado nos sistemas SRR através da engenharia da sua geometria. Assim, o objetivo deste trabalho é descobrir se o sistema mostra alguma sensibilidade no acoplamento através de cálculos quânticos até agora não realizados em MMs. Agora, vamos discutir o modelo de Klein-Gordon (K-G), onde tais aplicações de QBs em MMs estão em fase de evolução. Este estudo é bastante realista na medida em que nos ajuda a compreender a localização devida à descontinuidade no regime quântico, que é essencial para muitos nanodispositivos de estrutura pequena. A localização quântica na rede K-G tem sido estudada por muitos investigadores em termos de quatro átomos, nomeadamente por Proville [37], o caso do dímero para a transferência de energia direcionada por Aubry e colaboradores [38] e a deslocalização e o comportamento de espalhamento de pacotes de ondas por Flach e colaboradores [39] e Pinto e Ricardo [40]. Os QBs também são caracterizados por vários métodos, como apresentado

por Schulman *et al* [41]. Aqui, o nosso foco principal será a evolução temporal dos quanta, uma vez que também é conveniente caraterizar os QBs por este método. É de notar que, na rede K-G, os níveis de 'energia potencial anarmónica' não são equidistantes, o que pode ter implicações importantes na

aplicações. Em vários métodos inovadores para a preparação de MMs, a frequência de ressonância na gama THz foi também proposta como um campo de estudo interessante [7, 42], tornando assim este trabalho mais relevante.

Aqui, o tratamento centra-se num sistema modelo simples de uma matriz unidimensional (1D) de SRRs fracamente acoplados. A formulação é efectuada utilizando uma expansão de Taylor na *dimensão x*. A magnetização do MM é considerada para um estudo do comportamento do campo nos SRRs [1]. A equação dinâmica assim obtida fornece uma solução fiável para a aplicação do dispositivo, tal como sustentado pelas soluções numéricas. A modulação da amplitude das ondas solitónicas não é aqui realizada, o que constitui um tema adequado para trabalhos futuros. Para diferentes casos do sistema, são obtidas soluções de solitões para a equação K-G, tanto para os tipos claros como para os escuros. Além disso, para QBs sob condições de fronteira periódicas e não periódicas, estuda-se a variação de diferentes parâmetros TPBS e o "tempo crítico de redistribuição" de quanta contra o acoplamento.

6.2 Descrições teóricas.

O Hamiltoniano generalizado para o sistema K-G para o parâmetro de ordem (y_n) no *enésimo* local é escrito como

$$H = \sum_n \frac{p_n^2}{2m} + \frac{A}{2} y_n^2 + \frac{B}{4} y_n^4 + k(y_n - y_{n-1})^2 \qquad (30)$$

O primeiro termo é o momento no *n-ésimo* local (p_n), o segundo e o terceiro termos são formulações potenciais não lineares e o último termo contém uma constante de interação (k). A partir da equação (30), depois de deduzir a equação clássica do movimento e o reescalonamento do tempo, obtemos a equação revista como

$$\frac{\partial^2 y_n}{\partial \tau^2} = -y_n - \frac{B}{A} y_n^3 - \frac{k}{A}\left(2y_n - y_{n-1} - y_{n+1}\right) \qquad (31)$$

A escala de tempo é de cerca de 3,048 femtossegundos (fs) para um valor de constante de interação de 0,01 para MMs baseados em SRR. O Hamiltoniano pode então ser reescrito como

$$\widetilde{H} = \sum_i \frac{1}{2} p_n^2 + \frac{1}{2} y_n^2 + \eta y_n^4 + \lambda\left(y_n - y_{n-1}\right)^2 \qquad (32)$$

onde $\eta = \frac{B}{4A} \lambda = \frac{k}{2A}$ e A e B são duas constantes. Agora, os operadores bosónicos de criação ($a+$) e de aniquilação (a) no *n-ésimo* local, como se segue:

$$a_n^+ = \frac{(y_n - ip_n)}{\sqrt{2}}, a_n = \frac{(y_n + ip_n)}{\sqrt{2}}. \qquad (33)$$

O Hamiltoniano acima (equação (32)) é quantizado com o operador bosónico acima referido. Num importante trabalho de Proville [37], são apresentados os métodos de não conservação numérica para quatro locais e um número arbitrário de partículas. No entanto, o método acima mencionado dá uma forma generalizada de resolver o sistema para um número arbitrário de partículas num número arbitrário de locais. Assim, o nosso método distingue-se claramente das outras investigações.

Após a segunda quantização, é então criada uma "base" geral. Para a caraterização das BDs quânticas, é necessário tornar o Hamiltoniano dependente do tempo. Tomemos a ajuda da evolução temporal do número de bosões em cada local do sistema $(ni\ )(t) = (Wt|\ \hat{n}\ i|\ Wt\ )$. Tomamos o i-ésimo estado próprio do Hamiltoniano e tornamo-lo dependente do tempo como se segue:

$$|\Psi_i(t)\rangle = \sum_i b_i \exp(-{}^{iEt}\!/\!_{\hbar})|\psi_i\rangle, \tag{34}$$

em que ψi e Ei são o i-ésimo vetor próprio e o valor próprio, respetivamente, e t é o tempo. A constante de Planck ($\hbar$) é tomada como unidade e $bi = (\psi i|\ W(0))$ para cada local i e para um determinado intervalo de t, em que $W(0)$ representa o estado inicial.

Para o nosso método de cálculo, começámos por gerar a base em N quanta ou partículas para os nós com uma função incorporada no software matemático chamada "Composição", que pega num número e faz todos os arranjos possíveis entre si. Em seguida, os módulos dos operadores de criação e aniquilação foram efectuados utilizando a "base" geral dos operadores numéricos. Obtiveram-se os valores próprios e os vectores próprios da matriz hamiltoniana com uma outra função incorporada chamada "Eigensystem". Em seguida, obteve-se a evolução temporal de um determinado estado próprio utilizando a equação (34), que foi novamente utilizada para calcular a evolução temporal. Desta forma, um determinado estado próprio podia ser visualizado. Para a evolução temporal, foram necessários coeficientes no Hamiltoniano que são obtidos na literatura para MMs (ver referências citadas em [13, 14]).

6.3 Resultados e discussão.

Para uma condição de fronteira não periódica, uma simulação típica para um valor menor de acoplamento é mostrada na figura 6.1 para um valor relativamente grande de permissividade linear, como tomado por Lazarides e colaboradores [13] $\varepsilon l = 2$, para focalizar a descontinuidade $\alpha = +1$, e um valor menor de acoplamento em $\lambda r = 0{,}01$.

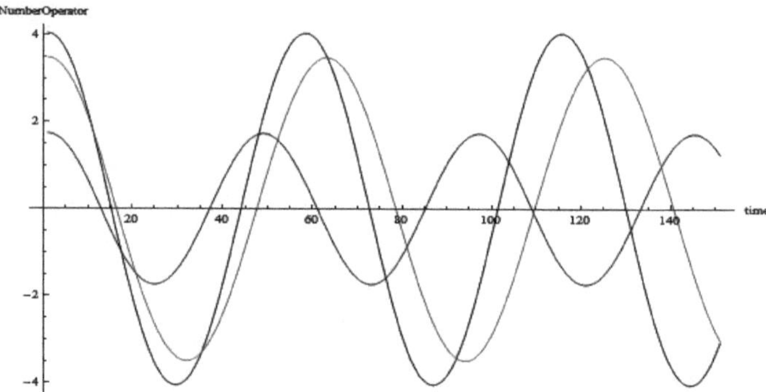

Fig. 6.1. Para MMs com montagem SRR, oito partículas em três sítios com |W(0⟩ = |7, 1, 0⟩, εl = 2, α = +1, e λr = 0,01 (tre = 19,04). Para um valor de acoplamento de 0,01, a escala de tempo tem de ser multiplicada por 3,048 fs e, assim, o tempo de vida do QB é de 58 fs.

na medida em que a tendência para o salto de fónons para o segundo estado excitado pode ser considerada para a interpretação de algum comportamento físico das MMs baseadas em SRR para aplicações em conjuntos de antenas. Para os experimentalistas, isto pode dar uma espécie de orientação para a extensão da mudança de design em termos de variação do espaçamento entre as fendas nos anéis SRR e outros que possam influenciar o acoplamento no sistema [47].

Esta simulação foi efectuada para oito partículas em três locais com |W(0⟩ = |7, 1, 0⟩. Aqui, a localização inicial é principalmente no primeiro sítio e, em seguida, há uma rápida redistribuição de quanta entre os sítios (tre) é de cerca de 19,04 que são proporcionais ao tempo de vida do QB (ou seja, cerca de 58 fs). Este valor parece ser mais elevado do que o dos materiais ferroeléctricos com 6 quanta (tre = 13,45-14,27 para um acoplamento entre 0,1 e 0,9), apesar de ter um valor de acoplamento mais baixo no interior do conjunto SRR nos conjuntos de antenas. Já foi afirmado que, através da engenharia da geometria do conjunto SRR, ou seja, do tamanho da fenda, etc. [47], o acoplamento entre os elementos SRR pode ser variado. Por conseguinte, o estudo da QB na condição de fronteira não periódica em termos de evolução temporal dos quanta parece revelar uma imagem diferente para diferentes materiais, ambos materiais ópticos não lineares interessantes.

Na nossa simulação numérica, o efeito da alteração da permissividade linear em três ordens de grandeza (de 0,002 para 2) reflecte-se em alterações do tempo de vida do QB de forma bastante significativa. Por exemplo, para os espectros mostrados na figura 6.1 para 8 quanta em três locais, muda de 3 para 58 fs, enquanto as mudanças são mais pronunciadas em valores mais baixos de quanta (ou seja, em 4 e 6 quanta). Esta informação pode ser considerada importante do ponto de vista da conceção para

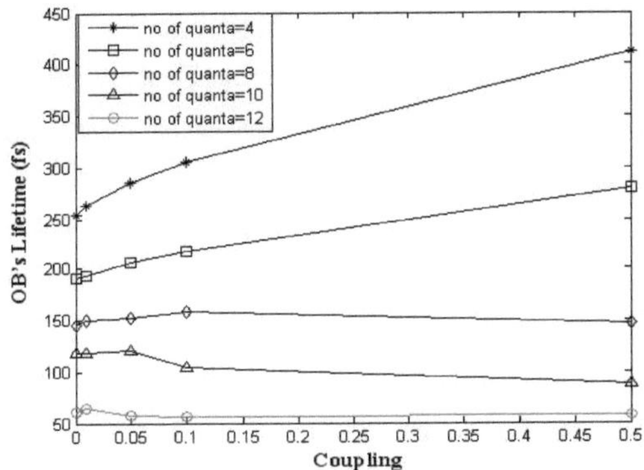

Fig. 6.2. O tempo de vida dos QBs em fs em função dos valores de acoplamento que podem ser concebidos em MMs baseados em SRR. A alteração significativa do tempo de vida do QB na gama dos femtosegundos após um valor de acoplamento de 0,1 é bastante notória para 4 e 6 quanta, respetivamente, enquanto é quase invariável para quanta mais elevados de 8 a 12, o que nos dá uma perspetiva da localização quântica, bem como considerações importantes sobre o design para aplicações THz.

controlando a permissividade linear em relação ao número de quanta para se adequar a uma resposta específica de femtossegundos. É adequado mencionar que, para uma macromolécula, Tretiak *et al* [48] a longevidade das BD aumenta à medida que os cristais se tornam cada vez mais defeituosos. Como o defeito pode criar localização, é inato para a formação de QBs, dando-nos a compreensão da localização quântica [26, 27]. Além disso, o defeito atómico altera o deslocamento, aumentando assim a permissividade linear de um determinado sistema. Além disso, a partir de uma consideração de projeto em arranjos de antenas, esse comportamento indica que, para aumentar o tempo de vida do QB, a permissividade linear, que é incorporada em nosso Hamiltoniano, tem um papel a desempenhar em termos de alteração dos espectros de evolução temporal dos quanta.

Embora esta informação possa ser útil para futuras direcções do estudo da resposta em femtossegundos do sistema SRR, aqui estamos inclinados a estudar o efeito da alteração do acoplamento que é normalmente concebido para aplicações em conjuntos de antenas e para algumas aplicações ópticas. Mantendo o valor da permissividade linear constante em 2 [13] e mantendo os outros valores como acima, se alterarmos apenas λr em 2,5 ordens de grandeza (ou seja, de um valor muito baixo de 0,001 para um valor elevado de 0,50) e estudarmos os espectros em diferentes números de quanta, então também observamos uma alteração bastante significativa do tempo de vida do QB em fs, como mostra a figura 6.2. Esta alteração é bastante elevada para 4 e 6 quanta, particularmente após um valor de acoplamento de 0,10. De 8 quanta a 12 quanta, esta alteração é quase invariável com o acoplamento, especialmente para 12 quanta. Mais uma vez, este facto pode ser uma consideração primordial do ponto de vista da conceção. A interação entre o tempo de vida do QB em diferentes quanta e o acoplamento permite-nos afinar diferentes parâmetros de conceção dos MMs. Pode referir-se que os parâmetros TPBS, tal como descritos na secção 3.2, também mostram uma disparidade notável com o acoplamento após um valor de 0,05, tornando a formação de QB comparativamente mais difícil (ver quadro 1).

É de notar que, embora haja um extenso trabalho em curso na área das MMs, este tem sido principalmente no domínio dos respiradores clássicos [13, 18, 47], incluindo os que se referem a aplicações THz [7, 42]. Além disso, para muitas aplicações interessantes de dispositivos, salienta-se também aqui que a "perspetiva fónica" da visualização de MMs é bastante importante, se pudermos controlar a sua evolução temporal. Neste caso, as comutações mais rápidas são efectuadas utilizando MMs. Para benefício dos experimentalistas, é necessário estudar teoricamente a evolução temporal dos quanta e variar os parâmetros relevantes para otimizar os resultados, e só então se poderão fazer as aplicações dos dispositivos,

Por exemplo, no fabrico de matrizes de antenas, aparelhos baseados na instabilidade da modulação, supercondutores quânticos baseados em MM, etc. Estes materiais artificiais podem também ser utilizados na computação quântica, como salientado em [29] e [30]. A evolução temporal dos quanta com o valor correto do acoplamento e da permissividade dieléctrica pode permitir a codificação quântica necessária para as aplicações [49]. Além disso, as MMs quânticas propostas deverão permitir formas adicionais de controlo da "propagação" das ondas EM que não são possíveis através de estruturas clássicas normais. Para os experimentalistas, isto deverá abrir caminho à conceção de melhores MMs para as aplicações necessárias4. De facto, tal como salientado por Rakhmanov *et al* [30], a dinâmica quântica coerente dos 'qubits' determina as propriedades ópticas THz no sistema. Assim, do ponto de vista do THz e de outras aplicações, o presente estudo assume particular importância, uma vez que esta é também uma nova área de investigação.

6.4. Conclusão

Com o nosso enfoque numa abordagem de condição de fronteira não periódica, os espectros de evolução temporal mostram uma diminuição do tempo de rearranjo que é compatível com o tempo de vida dos QBs com um número crescente de quanta para cada valor de permissividade linear. Observa-se também que, após um valor de 0,1, à medida que o acoplamento no sistema SRR aumenta, o tempo de vida da QB também aumenta significativamente para valores mais baixos de quanta, enquanto é quase invariante para quanta mais elevados (de 8 a 12). O conhecimento relacionado é considerado frutífero para um estudo futuro sobre este novo campo de investigação de QBs em MMs e as suas outras aplicações em diferentes materiais ópticos não lineares.

7 Conclusão e perspectivas de investigação futura

7.1 Conclusão geral:

O conhecimento da localização quântica por descontinuidade é pragmático e essencial para muitos nanodispositivos de pequena estrutura. A localização quântica no sistema K-G foi adquirida por muitos investigadores com uma rede de quatro átomos. Aqui, para a quantização do nosso Hamiltoniano discreto por operadores Bosónicos, tomámos uma quantidade arbitrária de quanta em qualquer quantidade de sítios para gerar os espectros de evolução temporal dos quanta

Utilizando a equação de movimento de Euler-Lagrange, o conhecimento atual da evolução da carga com o espaço e o tempo origina a equação não linear de K-G considerando a fem excitada, a resistência, o acoplamento entre as matrizes vizinhas e a permissividade linear. Esta equação dá origem a uma solução de solitões em termos de solitões escuros e brilhantes. São apresentadas soluções numéricas para solitões simples e bissolitões com descontinuidade de focagem e desfocagem em diferentes valores de tempo não-dimensional. Os respiradores clássicos são também apresentados numa vista global 3D que não mostra grande sensibilidade a um maior amortecimento, ou melhor, as oscilações dos respiradores parecem ser bastante estáveis até um amortecimento relativamente elevado (~ *0,*20).

Para QBs em MMs, numa abordagem de condições de fronteira periódicas, a segunda quantização com operadores bosónicos dá origem a alguns valores de parâmetros TPBS contra o acoplamento dentro do sistema SRR. Este esforço mostra que, após valores menores de acoplamento, a formação de QBs parece ser relativamente difícil, aumentando assim tanto a energia de salto de um único fão como o coeficiente de salto. Com o nosso foco numa abordagem de condição de fronteira não periódica, os espectros de evolução temporal mostram uma diminuição do tempo de redistribuição que é proporcional ao tempo de vida dos QBs com um número crescente de quanta para cada valor de permissividade linear. Observa-se também que, após um valor de 0,1, à medida que o acoplamento no sistema SRR aumenta, o tempo de vida do QB também aumenta.

7.2 Perspectivas futuras de investigação:

1. De acordo com o ponto de vista teórico, a questão dos respiradores discretos quânticos e o efeito dos respiradores discretos nas propriedades estatísticas permanecem como campos que ainda aguardam investigações muito mais rigorosas e elaboradas. Do ponto de vista experimental, espera-se que surjam no futuro muitos outros domínios de aplicação do conceito de respirador discreto. Além disso, são necessários estudos elaborados das propriedades dos respiradores discretos para avaliar o seu efeito noutras propriedades (por exemplo, a localização) dos sistemas em análise
2. Para a aplicação em "computação quântica" e em dispositivos THz, os respiros quânticos sob condições de fronteira não periódicas devem ser estudados com mais pormenor, de modo a que, no futuro, possa ser criada alguma base para a "codificação quântica" (qubits) para essas aplicações.
3. Devem também ser envidados esforços no sentido de um estudo teórico pormenorizado sobre a "condensação de Bose-Einstein" (BEC) para redes ópticas, considerando estados ligados no sistema de Klein-Gordon sujeitos a perturbações, uma vez que este é um domínio muito importante de investigação intensa para muitos dispositivos ópticos não lineares exóticos.
4. Finalmente, deve dizer-se que, apesar de um enorme volume de trabalho de investigação no domínio da ótica não linear, não foi feito muito trabalho para explorar o comportamento de comutação em dispositivos que devem ser definitivamente uma área de perspectivas de investigação futura.
5. Existem vários outros métodos para a caraterização de respiradores quânticos que podem ser explorados no futuro para poderem ser comparados com o presente trabalho. Em cada subsecção, foi discutida uma área de aplicação específica que está a ser executada ou que pode ser executada no futuro.

Bibliografia

1. Dauxois, Thierry, e Michel Peyrard, "Physics of solitons". Cambridge University Press, pp 216 - 222, 2006.
2. Flach, Sergej, e Andrey V. Gorbach, "Discrete breathers-advances in theory and applications." Physics Reports Vol. 467, No.1, pp 1-116, 2008.
3. Sato, M., B. E. Hubbard, e A. J. Sievers, "Colloquium: Localização de energia não linear e sua manipulação em conjuntos de osciladores micromecânicos". Reviews of Modern Physics, Vol.78, no. 1, pp. 137 -157, 2006.
4. A.K.Bandhyapadhyay, S Das, A Biswas, Ch.11 de "Computational and Experimental Chemistry Development and Application", Eds. Tanmoy Chakraborty et. al (Apple Academic Press, EUA), 2013.
5. D. K. Campbell, S. Flach e Yu. S. Kivshar, "Localizing Energy Through Discontinuity and Discreteness", Physics Today, pp.43 - 49, janeiro de 2004.
6. Chen, Ding, S. Aubry e G. P. Tsironis, "Breather mobility in discrete nonlinear lattices", Physical review letters, vol. 77, n.º 23, pp. 4776-4779, 1996.
7. Maniadis, P., G. Kopidakis, e S. Aubry, "Classical and quantum targeted energy transfer between nonlinear oscillators", Physica D: Nonlinear Phenomena, vol. 188, no.3, pp. 153-177, 2004.
8. Swanson, B. I., J. A. Brozik, S. P. Love, G. F. Strouse, A. P. Shreve, A. R. Bishop, W. Z. Wang e M. I. Salkola, "Observation of intrinsically localized modes in a discrete low-dimensional material", Physical review letters ,vol. 82, no. 16, 3288 - 3291, 1999.
9. Schwartz, U. T., L. Q. English, e A. J, Sievers, "Experimental generation and observation of intrinsic localized spin wave modes in an antiferromagnets", Phys. Rev. Lett, vol. 83, pp. 223-226, 1999.
10. Trias, E., J. J. Mazo, e T. P. Orlando, "Discrete breathers in nonlinear lattices: experimental detection in a Josephson array" Physical review letters, vol. 84, no. 4,pp. 741- 744, 2000.
11. Sato, M., Hubbard, B. E., Sievers, A. J., Ilic, B., Czaplewski, D. A., & Craighead, H. G., "Observation of locked intrinsic localized vibrational modes in a micromechanical oscillator array", Physical Review Letters, vol. 90, no. 4,pp. 044102 - 044105, 2003.
12. Lou, S. Y., & Huang, G., "Experimental Study of the Solitons in Nonlinear Diatomic Macro-Lattice". Modern Physics Letters B, vol. 9, no. 19, pp. 1231-1241, 1995.

13. Dick, A. J., Balachandran, B., & Mote, C. D., "Intrinsic localized modes in microresonator arrays and their relationship to nonlinear vibration modes", Nonlinear Dynamics, vol. 54, no. (1-2), pp. 13-29, 2008.
14. Eisenberg, H. S., Silberberg, Y., Morandotti, R., Boyd, A. R., & Aitchison, J. S., "Discrete spatial optical solitons in waveguide arrays", Physical Review Letters, vol. 81, no. 16, pp. 3383 - 3386, 1998.
15. Edler, J., Pfister, R., Pouthier, V., Falvo, C., & Hamm, P., "Diret observation of self-trapped vibrational states in α-helices", Physical review letters, vol. 93, no. 10,pp. 106405 - 106408, 2004.
16. Tsironis, G. P. "Se "respiradores discretos" é a resposta, qual é a pergunta?". Chaos: An Interdisciplinary Journal of Nonlinear Science, vol. 13, no. 2, 657-666, 2003.
17. G. Kopidakis, S. Aubry e G. P. Tsironis, "Targeted Energy Transfer through Discrete Breathers in Nonlinear Systems", Phys. Rev. Lett. Vol. 87, pp. 165501-165504, 2001.
18. Flach, S., & Kladko, K., "Moving discrete breathers", Physica D: Nonlinear Phenomena, vol. 127, no. 1,pp. 61-72, 1999.
19. Martınez, P. J., Meister, M., Florıa, L. M., & Falo, F, "Dissipative discrete breathers: Periodic, quasiperiodic, chaotic, and mobile", Chaos: An Interdisciplinary Journal of Nonlinear Science, vol. 13, no. 2, pp. 610-623, 2003.
20. Martinez, P. J., Floria, L. M., Falo, F., & Mazo, J. J, "Intrinsically localized chaos in discrete nonlinear extended systems", EPL (Europhysics Letters), vol. 45, no. 4, pp. 444- 454, 1999.
21. Sievers, A. J., & Takeno, S, "Intrinsic localized modes in anharmonic crystals", Physical Review Letters, vol. 61, no. 8, pp. 970 973, 1988.
22. Severs, A. J., & Page, J. B., "Unusual anharmonic local mode systems", Dynamical properties of solids, Elsevier, vol. 7, pp. 137-255, 1995.
23. Fleischer, J. W., Segev, M., Efremidis, N. K., & Christodoulides, D. N. "Observation of two-dimensional discrete solitons in optically-induced nonlinear photonic lattices". Nature, vol. 422, pp. 147 - 150, 2003.
24. Flach, S. "Existence of localized excitations in nonlinear Hamiltonian lattices" (Existência de excitações localizadas em redes hamiltonianas não lineares). Physical Review E, vol. 51, no. 2 , 1503 - 1507, 1995.
25. Flach, S., & Willis, C. R., "Discrete breathers", Physics reports, Elsevier,ScienceDirect, vol. 295, no. 5, pp. 181-264, 1998.

26. MacKay, R. S., & Aubry, S., "Proof of existence of breathers for time-reversible or Hamiltonian networks of weakly coupled oscillators", Nonlinearity, vol. 7, no. 6, 1623 - 1643, 1994.
27. Aubry Serge, "Breathers in nonlinear lattices: existence, linear stability and quantization", Physica D: Nonlinear Phenomena, vol. 103, no. 4 , pp. 201-250, 1997.
28. Fleurov, V. "Discrete quantum breathers: What do we know about them?", Chaos: An Interdisciplinary Journal of Nonlinear Science, vol. 13, no. 2, pp. 676-682, 2003.
29. C. Fulga, F. Hassler, A. R. Akhmerov, e C. W. J. Beenakker, "Fórmula de dispersão para o número quântico topológico de um fio multimodo desordenado", Phys. Rev. B, vol. 83,no.-15, 155429 - 155437, 2011
30. Bijoy Mandal, Sutapa Adhikari, Reshmi Basu, Kamal Choudhary, Subhro Jyoti Mandal, Arindam Biswas, A. K. Bandyopadhyay, A. K. Bhattacharjee e D. Mandal. "Papel do acoplamento de respiradores discretos em metamateriais baseados em ressonadores de anel dividido". Physica Scripta, vol. 86, no. 1, pp, 015601 -015610, 2012.
31. Eleftheriou, M., N. Lazarides, e G. P. Tsironis, "Respiradores magnetoindutivos em metamateriais". Physical Review E, vol. 77, no. 3 ,pp. 036608 -036613, 2008.
32. S. Flach, A. E. Miroshnichenko, V. Fleurov, e M. V. Fistul " Fano Resonances with Discrete Breathers",Phys. Rev. Lett., Vol. 90, no.8, 084101 - 084104, 2003
33. Miroshnichenko, Andrey E., Sergej Flach e Yuri S. Kivshar. "Fano resonances in nanoscale structures", Reviews of Modern Physics, vol. 82, no. 3, pp. 2257 - 2298, 2010.
34. Kim, Sang Wook, e Seunghwan Kim. "Fano resonances in translationally invariant nonlinear chains", Physical Review B, vol. 63, no.21,pp. 212301 - 212304, 2001.
35. Choudhary, Kamal, Sutapa Adhikari, Arindam Biswas, Aniruddha Ghosal e Asis Kumar Bandyopadhyay, "Fano resonance due to discrete breather in nonlinear Klein-Gordon lattice in metamaterials.", JOSA B, vol. 29, no. 9 , pp. 2414-2419, 2012.
36. Bang, O., and M. Peyrard, "High order breather solutions to a discrete nonlinear Klein-Gordon model", Physica D: Nonlinear Phenomena, vol. 81, no. 1-2, pp. 9-22, 1995.
37. Bang, Ole, e Michel Peyrard, "Generation of high-energy localized vibrational modes in nonlinear Klein-Gordon lattices", Physical Review E, vol. 53, no. 4, 4143 - 4152, 1996.

38. J. F. Corney e Ole Bang, " Solitons in quadratic nonlinear photonic crystals ", Phys. Rev. E,vol.64, no. 4, 047601 - 047605, 2001
39. Kobyakov, Andrey, Falk Lederer, Ole Bang e Yuri S. Kivshar. "Nonlinear phase shift and all-optical switching in quasi-phase-matched quadratic media", Optics letters , vol. 23, no. 7,506 508, 1998.
40. J. F. Corney e O. Bang, " Modulational Instability in Periodic Quadratic Nonlinear Materials " Phys. Rev. Lett., vol. 87, no. 13, pp. 133901 - 133904 ,2001
41. P. Di Trapani, A. Bramati, S. Minardi, W. Chinaglia, C. Conti, S. Trillo, J. Kilius e G. Valiulis, "Focusing versus Defocusing Nonlinearities due to Parametric Wave Mixing", Phys. Rev. Lett., vol. 87, n.º 18, pp. 183902-183905, 2001
42. Pradipta Giri, Kamal Choudhary, Arghya Dey, Arindam Biswas, Aniruddha Ghosal e A. K. Bandyopadhyay, "Discrete energy levels of bright solitons in lithium niobate ferroelectrics", Phys. Rev. B, vol. 86, no. 18, pp. 184101 - 184104, 2012
43. J. A. González, L. E. Guerrero, e A. Bellorin. "Movimento de solitões auto-excitados". Physical Review E, vol. 54, no. 2 , pp. 1265 - 1273, 1996.
44. J. A. Hołyst, "Kink solitons do modelo duplo-quadrático na presença de uma força externa espacialmente não homogénea." Physical Review E, vol. 57, no. 4, pp.4786 - 4790, 1998
45. G. Benedek, A. Bussmann-Holder, e H. Bilz. "Nonlinear travelling waves in ferroelectrics." Physical Review B, vol. 36. no. 1, pp. 630 -635, 1987.
46. J. C, Comte. "Exato discreto compactlike viajando dobras e pulsos em φ 4 redes não-lineares." Physical Review E, vol. 65, no. 4 , 046619 - 046625, 2002
47. A K. Bandyopadhyay, P. C. Ray, Loc Vu-Quoc, e Arthur R. McGurn, "Multiple-time-scale analysis of nonlinear modes in ferroelectric LiNbO 3" Physical Review B, vol.81, no. 6 , pp. 064104 - 064114, 2010
48. A K. Bandyopadhyay, P. C. Ray, e Venkatraman Gopalan, "Uma abordagem à equação de Klein-Gordon para um estudo dinâmico em materiais ferroeléctricos", Journal of Physics: Condensed Matter, vol.18, no. 16 , pp. 4093 - 4099, 2006.
49. Kim, Sungwon, Venkatraman Gopalan e Alexei Gruverman. "Coercive fields in ferroelectrics: A case study in lithium niobate and lithium tantalate", Applied Physics Letters, vol. 80, no. 15 , pp. 2740-2742, 2002
50. A K. Bandyopadhyay, P. C. Ray, e V. Gopalan. "Solitons and critical breakup fields in lithium niobate type uniaxial ferroelectrics," The European Physical Journal B-Condensed Matter and Complex Systems", vol. 65, no. 4 , pp. 525-531, 2008

51. Pradipta Giri, Kamal Choudhary, Arnab Sengupta, A. K. Bandyopadhyay e P. C. Ray. "Discrete breathers in nonlinear LiNbO3-type ferroelectrics", Journal of Applied Physics, vol. 109, no. 5 , 054105 - 054112, 2011
52. Becker, Brian, Patrick K. Schelling, e Simon R. Phillpot, "Interfacial phonon scattering in semiconductor nanowires by molecular-dynamics simulation", Journal of applied physics, vol. 99, no. 12 , 123715 - 123719, 2006
53. A C. Scott, J. C. Eilbeck, e H. Gilhøj, "Quantum lattice solitons", Physica D: Nonlinear Phenomen, vol. 78, no. 3-4 , 194-213, 1994
54. Ricardo A. Pinto, Masudul Haque, and Sergej Flach, "Edge-localized states in quantum one-dimensional lattices", Physical Review A, vol. 79, no. 5 , 052118 - 052125, 2009
55. Nguenang, Jean Pierre, R. A. Pinto, e Sergej Flach, "Quantum q-breathers in a finite Bose-Hubbard chain: The case of two interacting bosons", Physical Review B, vol. 75, no. 21, 214303 - 214308, 2007
56. Johnson, Philip R., Frederick W. Strauch, Alex J. Dragt, Roberto C. Ramos, C. J. Lobb, J. R. Anderson, e F. C. Wellstood, "Spectroscopy of capacitively coupled Josephson-junction qubits", Physical Review B, vol.67, no. 2 , 020509 - 020515, 2003
57. Eiermann, B., Th Anker, M. Albiez, M. Taglieber, Philipp Treutlein, K-P. Marzlin, e M. K. Oberthaler, "Bright Bose-Einstein gap solitons of atoms with repulsive interaction", Physical review letters, vol. 92, no. 23 , 230401 - 230401, 2004
58. J. W. Fleischer, M. Segev, N. K. Efremidis, D. N. Christodoulides, "Observation of two-dimensional discrete solitons in optically induced nonlinear photonic lattices" Nature 422, pp. 147-150, 2003
59. Sato, Masayuki, B. E. Hubbard, A. J. Sievers, B. Ilic, D. A. Czaplewski, e H. G. Craighead, "Observation of locked intrinsic localized vibrational modes in a micromechanical oscillator array", Physical Review Letters, vol. 90, no. 4, pp. 044102 - 044105, 2003
60. Satarić, M., S. Zdravković, e J. A. Tuszyński, "DNA dynamics and endogeneous fields", BioSystems, vol. 49, no. 2 , pp. 117-125, 1999
61. Rakhmanov, Alexander L., Alexandre M. Zagoskin, Sergey Savel'ev, e Franco Nori, "Quantum metamaterials: Electromagnetic waves in a Josephson qubit line", Physical Review B, vol. 77, no. 14 , pp, 144507 - 144511, 2008
62. S. A. Zvyagin, J. Wosnitza, C. D. Batista, M. Tsukamoto, N. Kawashima, J. Krzystek, V. S. Zapf, M. Jaime, N. F. Oliveira Jr., e A. Paduan-Fihlo, "Magnetic Excitations in

the Spin-1 Anisotropic Heisenberg Antiferromagnetic Chain System NiCl2-4SC(NH2)2 ", Phys. Rev. Lett, vol. 98, no. 4, pp. 047205-047208, 2007

63. Subhra Jyoti Mandal, Vir Ranjan Kumar, Arindam Biswas, A. K Bhandhopadhyay, A K Bhattacharjee, Durbadal Mandal5, "LIFETIME OF QUANTUM BREATHERS FOR DNA MACROMOLECULES", Vol. 18, pp. 1575-1581, 2013
64. Baroni, Stefano, Stefano De Gironcoli, Andrea Dal Corso, e Paolo Giannozzi, "Phonons and related crystal properties from density-functional perturbation theory", Reviews of Modern Physics, vol. 73, no. 2 , pp. 515 - 519, 2001
65. Lazzeri, Michele, e Stefano de Gironcoli, "Ab initio study of Be (0001) surface thermal expansion" Physical review letters, vol. 81, no. 10, pp. 2096 - 2099, 1998
66. Ghosez, P. Sc H., X. Gonze, e J. P. Michenaud, "Ab initio phonon dispersion curves and interatomic force constants of barium titanate", Ferroelectrics, vol. 206, no. 1, pp. 205-217, 1998
67. Ghosez, Ph, J-P. Michenaud, e X. Gonze, "Dynamical atomic charges: The case of AB O 3 compounds", Physical Review B, vol. 58, no. 10, pp. 6224 - 6229, 1998
68. Cohen, Morrel H., e J. Ruvalds, "Two-phonon bound states", Physical Review Letters, vol. 23, no. 24, pp. 1378 - 1381, 1969
69. Dougherty, Thomas P., Gary P. Wiederrecht, Keith A. Nelson, Mark H. Garrett, Hans P. Jensen, e Cardinal Warde, "Femtosecond resolution of soft mode dynamics in structural phase transitions", Science 258, no. 5083 , 770-774, 1992
70. Brennan, Ciaran J., e Keith A. Nelson, "Diret time-resolved measurement of anharmonic lattice vibrations in ferroelectric crystals", The Journal of chemical physics, vol. 107, no. 22 , pp. 9691-9694, 1997
71. Stone, Greg, e Volkmar Dierolf, "Influência das paredes de domínio ferroelétrico no processo de dispersão Raman em tantalato e niobato de lítio", Optics letters, vol.37, n.º 6 , pp. 1032-1034, 2012
72. Becker, P. K. Schelling e S. R. Phillpot, "Interfacial phonon scattering in semiconductor nanowires by molecular-dynamics simulation", J. Appl. Phys., vol. 99, no. 12, pp. 123715-123719, 2006
73. Pinto, R. A., e S. Flach, "Quantum breathers in capacitively coupled Josephson junctions: Correlations, number conservation, and entanglement", Physical Review B, vol. 77, no. 2 , pp. 024308 - 024310, 2008
74. Schulman, L. S., D. Tolkunov, e E. Mihokova, "Structure and time-dependence of quantum breathers", Chemical physics, vol. 322, no. 1, pp. 55-74, 2006

75. Leggett, Anthony J., Berardo Ruggiero, e Paolo Silvestrini, eds, "Quantum computing and quantum bits in mesoscopic systems", Nova Iorque: Kluwer Academic/Plenum Publishers, 2004
76. Gershenfeld, Neil A., e Isaac L. Chuang, "Bulk spin-resonance quantum computation", Science, vol. 275, no. 5298, pp. 350-356, 1997
77. Proville, Laurent, "Two-phonon pseudogap in the Klein-Gordon lattice", EPL (Europhysics Letters), vol. 69, no. 5, pp. 763 - 771, 2005
78. Proville, Laurent, "Bifões na rede de Klein-Gordon" , Physical Review B, vol.71, no. 10, 104306 - 104311, 2005
79. Shelton, Robert K., Long-Sheng Ma, Henry C. Kapteyn, Margaret M. Murnane, John L. Hall, e Jun Ye, "Phase-coherent optical pulse synthesis from separate femtosecond lasers", Science, Vol.293, no. 5533, pp. 1286-1289, 2001
80. Ebrahimzadeh, Majid. "Parametric light generation, "Philosophical Transactions of the Royal Society of London A: Mathematical", Physical and Engineering Sciences, vol. 361, no. 1813, pp. 2731-2750, 2003
81. Rousse, Antoine, Christian Rischel, e Jean-Claude Gauthier, "Femtosecond x-ray crystallography", Reviews of Modern Physics, vol. 73, no. 1, pp. 17 - 31, 2001
82. Bandyopadhyay A K, S. Das, e A. Biswas, "Quantum Breathers and Phonon Bound State in the Ferroelectric System", Computational and Experimental Chemistry: Desenvolvimentos e Aplicações, pp. 245- 251, 2013
83. Flach, Sergej, V. Fleurov, A. V. Gorbach, e A. E. Miroshnichenko, "Resonant light scattering by optical solitons", Physical review letters, vol. 95, no. 2, pp. 023901 - 023905, 2005
84. Marquié, Patrick, Jean-Marie Bilbault e Michel Remoissenet. "Observation of nonlinear localized modes in an electrical lattice", Physical Review E, vol. 51, no. 6, pp. 6127 - 6133, 1995
85. Stearrett, Ryan, e L. Q. English, "Experimental generation of intrinsic localized modes in a discrete electrical transmission line", Journal of Physics D: Applied Physics, vol. 40, no. 17, 5394 - 5398, 2007
86. Sato, Masayuki, S. Yasui, M. Kimura, T. Hikihara, e A. J. Sievers, "Management of localized energy in discrete nonlinear transmission lines", EPL (Europhysics Letters), vol. 80, no. 3, pp. 30002 - 30007, 2007

87. Russell, F. M., Y. Zolotaryuk, J. C. Eilbeck, e T. Dauxois, "Moving breathers in a chain of magnetic pendulums", Physical Review B, vol. 55, no. 10, pp. 6304 - 6308, 1997

88. Laroche, Claude, Thierry Dauxois, e Michel Peyrard, "Discreteness effects on soliton dynamics: Uma experiência simples", American Journal of Physics, vol. 68, n.º 6, pp. 552-555, 2000

89. Peyrard, Michel, e Alan R. Bishop, "Statistical mechanics of a nonlinear model for DNA denaturation", Physical review letters, vol. 62, no. 23, pp. 2755 - 2758, 1989.

90. Dauxois, Thierry, Michel Peyrard, e Alan R. Bishop, "Entropy-driven DNA denaturation", Physical Review E, vol. 47, no. 1, R44 - R47, 1993

91. Peyrard, Michel, "Using DNA to probe nonlinear localized excitations?", EPL (Europhysics Letters), vol. 44, no. 3, 271 - 277, 1998

92. Peyrard, Michel, e Jean Farago, "Nonlinear localization in thermalized lattices: application to DNA", Physica A: Statistical Mechanics and its Applications, vol. 288, no. 1, 199-217, 2000

93. Theodorakopoulos, Nikos. "Física estatística de vibrações localizadas". Energy Localisation and Transfer. Editado por Dauxois Thierry et al. Publicado por World Scientific Publishing Co. Pte. Ltd., ISBN# 9789812794864, pp. 341-353 ,2004

94. Theodorakopoulos, Nikos, Michel Peyrard, e Robert S. MacKay, "Nonlinear structures and thermodynamic instabilities in a one-dimensional lattice system", Physical review letters, vol. 93,no. 25, pp. 258101 - 258104, 2004

95. Kalosakas, G., K. O. Rasmussen, e A. R. Bishop, "Non-exponential decay of base-pair opening fluctuations in DNA", Chemical physics letters, vol. 432, no. 1, pp. 291-295, 2006

96. Kalosakas, G., K. Ø. Rasmussen, A. R. Bishop, C. H. Choi, e A. Usheva, "Sequence-specific thermal fluctuations identify start sites for DNA transcription", EPL (Europhysics Letters), vol. 68, no. 1 , 127- 131, 2004

97. Peyrard, Michel, e Yannick Sire. "Breathers in Biomolecules?, "Energy Localisation and Transfer" Editado por Dauxois Thierry et al. Publicado por World Scientific Publishing Co. Pte. Ltd., ISBN# 9789812794864, pp. 325-340, 2004

98. Savin, A. V., e L. I. Manevitch, "Discrete breathers in a polyethylene chain," Physical Review B, vol. 67, no. 14, pp. 144302 - 144306, 2003

99. Juanico, Brice, Y-H. Sanejouand, Francesco Piazza, e Paolo De Los Rios, "Discrete breathers in nonlinear network models of proteins", Physical review letters, vol. 99, no. 23, pp. 238104 - 238129 , 2007

100. Kopidakis, G., e S. Aubry. "Localização e transferência orientada de excitações não lineares à escala atómica: perspectivas de aplicação". Energy Localisation and Transfer. Editado por Dauxois Thierry et al. Publicado por World Scientific Publishing Co. Pte. Ltd., ISBN# 9789812794864, pp. 355-404, 2004

101. Kopidakis, G., S. Aubry, e G. P. Tsironis, "Targeted energy transfer through discrete breathers in nonlinear systems", Physical Review Letters, vol. 87, no. 16, 165501 - 165506, 2001

102. Mingaleev, Serge F., Yuri B. Gaididei, Peter Leth Christiansen, e Yuri S. Kivshar, "Nonlinearity-induced conformational instability and dynamics of biopolymers", EPL (Europhysics Letters), vol. 59, no. 3, pp. 403 - 408, 2002

103. Lazarides, N., M. Eleftheriou, e G. P. Tsironis, "Discrete breathers in nonlinear magnetic metamaterials", Physical review letters, vol. 97, no. 15, pp. 157406 - 157409, 2006

104. Savin, Alexander V., e Yuri S. Kivshar, "Discrete Nonlinear Breathing Modes in Carbon Nanotubes", arXiv preprint arXiv:0705.4482, 2007.

105. Kinoshita, Y., Y. Yamayose, Y. Doi, A. Nakatani, e T. Kitamura, "Selective excitations of intrinsic localized modes of atomic scales in carbon nanotubes", Physical Review B, vol. 77, no. 2, 024307 - 0243013 , 2008

106. Drazin, Philip G., e Robin S. Johnson, "Solitons: an introduction", Cambridge university press, Vol. 2, no.3, pp. 1- 226, 1989

107. A Yariv, "Optical Electronics" (Oxford University Press, Nova Iorque, 4ª edição, 1991)

108. Soljacic, Marin, Mordechai Segev, Tamer Coskun, Demetrios N. Christodoulides, e Ashvin Vishwanath, "Modulation instability of incoherent beams in noninstantaneous nonlinear media", Physical Review Letters, vol. 84, no. 3, 467 - 472, 2000.

109. Korteweg, Diederik Johannes e Gustav De Vries, "XLI. On the change of form of long waves advancing in a retangular canal, and on a new type of long stationary waves", The London, Edinburgh, and Dublin Philosophical Magazine and Journal of Science, vol. 39, no. 240, pp. 422-443, 1895

110. Degasperis, Antonio, "Resource letter sol-1: solitons", American Journal of Physics, vol. 66, no. 6, pp. 486-497, 1998

111. Zabusky, Norman J. e Martin D. Kruskal, "Interaction of" solitons" in a collisionless plasma and the recurrence of initial states", Physical review letters, vol. 15, no. 6, pp. 240 - 245, 1965

112. Hasegawa, Akira, e Frederick Tappert, "Transmission of stationary nonlinear optical pulses in dispersive dielectric fibers. I. Anomalous dispersion", Applied Physics Letters, vol. 23, no. 3, pp. 142-144, 1973

113. L. F. Mollenauer e J. P. Gordon, "Solitons in Optical Fibres", Elsevier, Academic Press ISBN 13: 978-0-12-504190-4, pp. 1- 298, 2006

114. E. Infeld e R. Rowlands, "Nonlinear Waves, Solitons and Chaos" Cambridge University Press, Cambridge, ISBN 0521321115, pp. 1 - 423, 1990

115. G. B. Whitham, "Linear and Nonlinear Waves", Wiley, Nova Iorque, ISBN: 978-0-471-35942-5, pp. 1 - 660, 1999

116. J. V. Moloney e A. C. Newell, "Nonlinear Optics", Westview Press, Oxford, ISBN-13: 978-081334118, pp. 1 - 450, 2003

117. N. N. Akhmediev e A. Ankiewicz, "Solitons, Nonlinear Pulses and Beams", Chapman and Hall, Londres, ISBN 0412754509, pp. 1 - 335, 1997

118. Kivshar, Yuri S., e Govind Agrawal, "Optical solitons: from fibers to photonic crystals", Academic press, ISBN 0080538096, 9780080538099, pp. 1- 540, 2003.

119. Stegeman, George I., e Mordechai Segev, "Optical spatial solitons and their interactions: universality and diversity", Science, vol. 286, no. 5444, pp. 1518-1523, 1999

120. Morsch, Oliver, e Markus Oberthaler, "Dynamics of Bose-Einstein condensates in optical lattices", Reviews of modern physics, vol. 78, no. 1, pp. 179 -185, 2006

121. Lederer, Falk, George I. Stegeman, Demetri N. Christodoulides, Gaetano Assanto, Moti Segev e Yaron Silberberg, "Discrete solitons in optics", Physics Reports, vol. 463, n.º 1, pp. 1-126, 2008

122. Kartashov, Yaroslav V., Victor A. Vysloukh, e Lluis Torner, "Soliton shape and mobility control in optical lattices", Progress in Optics, vol. 52, pp. 63-148, 2009

123. Lomdahl, Peter S, "What is a soliton", Los Alamos Science, vol. 10, pp. 27-31, 1984

124. Watson, James D., e Francis HC Crick, "Molecular structure of nucleic acids", Nature, vol. 171, no. 4356, 737-738, 1953

125. F. Palmero, J. Cuevas, F.R. Romero, J.C. Eilbeck, R.A. Römer, e J. Dorignac, "Localization and Transport of Charge by Nonlinearity and Spatial Discreteness in Biomolecules and Semiconductor Nanorings. Aharonov-Bohm effect for neutral

excitons", em S.E. Lyshevski, Ed., Handbook on Nano- and Molecular Electronics, CRC Press (Taylor and Francis Group, Florida), ISBN: 0849385288, pp. 15.1-15.31, 2007

126. D. R. Smith, W. J. Padilla, D. C.Vier, S.C. Nemat-Nasser, e S. Schultz, "Composite medium with simultaneously negative permeability and permittivity", Phys. Rev. Lett., vol. 84, pp. 4184-4187, 2000.

127. Veselago, Viktor G, "A eletrodinâmica de substâncias com valores simultaneamente negativos de e μ", Soviet physics uspekhi, vol. 10, no. 4, pp. 509 - 514, 1968

128. Pendry, J. B., A. J. Holden, D. J. Robbins, e W. J. Stewart, "Low frequency plasmons in thin-wire structures", Journal of Physics: Condensed Matter, vol. 10, no. 22, pp. 4785 - 4809, 1998

129. Linden, Stefan, Christian Enkrich, Martin Wegener, Jiangfeng Zhou, Thomas Koschny, e Costas M. Soukoulis, "Magnetic response of metamaterials at 100 terahertz", Science, vol. 306, no. 5700, pp. 1351-1353, 2004

130. Shelby, Richard A., David R. Smith e Seldon Schultz, "Experimental verification of a negative index of refraction", science, vol. 292, no. 5514, pp. 77-79, 2001

131. Shelby, R. A., D. R. Smith, S. C. Nemat-Nasser, e Sheldon Schultz, "Microwave transmission through a two-dimensional, isotropic, left-handed metamaterial", Applied Physics Letters, vol. 78, no. 4, pp. 489-491, 2001

132. Parimi, P. V., W. T. Lu, P. Vodo, J. Sokoloff, J. S. Derov, e S. Sridhar, "Negative refraction and left-handed electromagnetism in microwave photonic crystals", Physical review letters, vol. 92, no. 12, pp. 127401, 2004

133. Cubukcu, Ertugrul, Koray Aydin, Ekmel Ozbay, Stavroula Foteinopoulou e Costas M. Soukoulis, "Electromagnetic waves: Negative refraction by photonic crystals". Nature, vol. 423, n.º 6940, pp. 604-605, 2003

134. Vodo, P., P. V. Parimi, W. T. Lu, S. Sridhar, e R. Wing, "Microwave photonic crystal with tailor-made negative refractive index", Applied physics letters, vol. 85, no. 10, pp. 1858-1860, 2004

135. Di Gennaro, E., P. V. Parimi, W. T. Lu, S. Sridhar, J. S. Derov, e B. Turchinetz, "Slow microwaves in left-handed materials", Physical Review B, vol. 72, no. 3 pp. 033110 - 033115, 2005

136. Parazzoli, C. G., R. B. Greegor, J. A. Nielsen, M. A. Thompson, K. Li, A. M. Vetter, M. H. Tanielian, e D. C. Vier, "Performance of a negative index of refraction lens", Applied physics letters, vol. 84, no. 17, pp. 3232-3234, 2004

137. Vodo, Plarenta, P. V. Parimi, W. T. Lu, e Srinivas Sridhar, "Focusing by planoconcave lens using negative refraction", Applied Physics Letters, vol. 86, no. 20, pp. 201108 - 201112, 2005

138. Veselago, Victor, Leonid Braginsky, Valery Shklover e Christian Hafner, "Negative refractive index materials", Journal of Computational and Theoretical Nanoscience, vol. 3, n.º 2, pp. 189-218, 2006

139. O'brien, S., D. McPeake, S. A. Ramakrishna, e J. B. Pendry, "Near-infrared photonic band gaps and nonlinear effects in negative magnetic metamaterials", Physical Review B, vol. 69, no. 24, pp. 241101 -241108, 2004

140. Shvets, Gennady, e Yaroslav A. Urzhumov, "Engineering the electromagnetic properties of periodic nanostructures using electrostatic resonances", Physical review letters, vol. 93, no. 24, 243902 - 243908, 2004

141. Rockstuhl, Carsten, Martin G. Salt, e Hans P. Herzig, "Analysis of the phonon-polariton response of silicon carbide microparticles and nanoparticles by use of the boundary element method", JOSA B, vol. 22, no. 2, pp. 481-487, 2005

Printed by Books on Demand GmbH, Norderstedt / Germany